园林设计与绿化树种配置研究

李亚鑫 王 静 韩小英 著

东北林业大学出版社
Northeast Forestry University Press
·哈尔滨·

版权所有　侵权必究
举报电话：0451-82113295

图书在版编目（CIP）数据

园林设计与绿化树种配置研究 / 李亚鑫，王静，韩小英著. -- 哈尔滨：东北林业大学出版社，2024.8.
ISBN 978-7-5674-3670-1

Ⅰ. TU986.2；S79

中国国家版本馆CIP数据核字第2024E8E850号

责任编辑：	赵晓丹
封面设计：	文　亮
出版发行：	东北林业大学出版社
	（哈尔滨市香坊区哈平六道街6号　邮编：150040）
印　　刷：	河北创联印刷有限公司
开　　本：	710 mm×1000 mm　　1/16
印　　张：	14.75
字　　数：	234千字
版　　次：	2024年8月第1版
印　　次：	2024年8月第1次印刷
书　　号：	ISBN 978-7-5674-3670-1
定　　价：	76.00元

如发现印装质量问题，请与出版社联系调换。

前 言

园林设计与绿化树种配置作为现代城市建设中不可或缺的一部分，不仅承载着美化环境、净化空气的重要使命，更是城市文化、历史与居民生活方式的集中体现。随着城市化进程的加速，人们对生活环境质量的要求日益提高，园林设计与绿化树种配置的重要性愈发凸显。自然界中，树木以其独特的形态、色彩和生长习性，构成了丰富多彩的生态景观。它们既是自然界的绿色守护者，又是人类心灵的慰藉者。在园林设计中，巧妙地运用各种树种，不仅能够营造出别具一格的景观效果，还能在一定程度上改善城市的小气候，提升居民的生活质量。然而，园林设计与绿化树种配置并非简单的植树造林。它涉及生态学、美学、植物学、园林工程学等多个学科的知识。设计师需要综合考虑树种的适应性、生长速度、观赏价值、生态效益等多个因素，同时还要与当地的文化、历史、风土人情相结合，才能创作出既符合自然规律又富有艺术感染力的园林作品。

本书从园林景观设计基本理论知识入手，介绍了园林绿化组成要素的规划设计、园林景观设计内容，接着详细分析了园林绿化栽植与施工、园林花卉栽培与养护技术，并深入探讨了园林植物的种植布局以及园林植物绿化养护等内容。

本书汇集了作者辛勤的研究成果，值此脱稿付梓之际，笔者深感欣慰。本书虽然在理论性和综合性方面下了很大的功夫，但由于笔者知识水平的不足，以及文字表达能力的限制，在专业性与可操作性方面还存在着较多不足。对此，希望各位专家学者和广大读者能够予以谅解并提出宝贵意见，笔者当尽力完善。

作　者

2024 年 4 月

目 录

第一章 园林景观设计的基本理论知识 …………………………… 1
第一节 园林景观设计概述 …………………………………… 1
第二节 园林景观设计的特征 ………………………………… 3
第三节 园林景观设计的发展历史 …………………………… 5

第二章 园林绿化组成要素的规划设计 ………………………… 13
第一节 园林地形规划设计 …………………………………… 13
第二节 园林水体规划设计 …………………………………… 23
第三节 园林植物种植规划设计 ……………………………… 33
第四节 园林建筑与小品规划设计 …………………………… 45

第三章 园林景观设计内容 ………………………………………… 57
第一节 设计原则与步骤 ……………………………………… 57
第二节 景观设计类型 ………………………………………… 62
第三节 空间布局与设计技法 ………………………………… 65
第四节 植物景观设计 ………………………………………… 72

第四章 园林绿化栽植与施工 ……………………………………… 83
第一节 园林绿化施工概述 …………………………………… 83
第二节 园林树木栽植施工技术 ……………………………… 88
第三节 大树移植的施工 ……………………………………… 97

第五章　园林花卉栽培与养护技术 ······ 105
第一节　园林花卉无土栽培 ······ 105
第二节　园林花卉的促成及抑制栽培 ······ 118
第三节　园林花卉露地栽培与养护 ······ 124

第六章　园林植物的种植布局 ······ 140
第一节　种植布局的基本要素 ······ 140
第二节　植物群落的构建 ······ 150
第三节　植物的种植密度与空间布局 ······ 161
第四节　植物的种植层次与结构 ······ 168
第五节　种植布局与园林风格的融合 ······ 176

第七章　园林植物绿化养护 ······ 183
第一节　园林植物养护管理概述 ······ 183
第二节　园林植物的土壤管理 ······ 189
第三节　园林植物的灌排水管理 ······ 198
第四节　园林植物的养分管理 ······ 205
第五节　园林植物的其他养护管理 ······ 216
第六节　园林植物的保护和修补 ······ 224

参考文献 ······ 228

第一章 园林景观设计的基本理论知识

第一节 园林景观设计概述

在现代，景观的概念非常宽泛：地理学家把它看成一个科学名词，定义为一种地表景象；生态学家把它定义为生态系统；旅游学家把它看作一种资源；艺术家把它看成表现与再现的对象；建筑师把它看成建筑物的配景或背景；居住者和开发商则把它看成城市的街景、园林中的绿化、小品和喷泉叠水等。因此，景观可定义为人类室外生活环境中一切视觉事物的总称，它可以是自然的，也可以是人为的。

英国规划师戈登·卡伦在《城市景观》一书中认为，景观是一门"相互关系的艺术"。也就是说，视觉事物之间构成的空间关系是一种景观艺术。比如，一座建筑是建筑，两座建筑则是景观，它们之间的相互关系则是一种和谐、秩序之美。

景观作为人类视觉审美对象的定义一直延续到现在。从最早的"城市景色、风景"到"对理想居住环境的蓝图"，再到"注重居住者的生活体验"。现在，我们把景观作为生态系统来研究，研究人与自然之间的关系。因此，景观既是自然景观，也是文化景观和生态景观。

从设计的角度来看，景观则带有更多的人为因素，这有别于自然景观。景观设计是对特定环境进行的有意识的改造行为，从而创造具有一定社会文化内涵和审美价值的景物。

形式美及设计语言一直贯穿于整个园林景观设计的过程中。园林景观设计的对象涉及自然生态环境、人工建筑环境、人文社会环境等各个领域。园林景观设计是依据自然、生态、社会、行为等科学的原则从事规划与设计，按照一定的公众参与程序来创作，融合于特定公众环境的艺术作品，并以此来提升、陶冶和丰富公众审美经验的艺术。

园林景观设计是一个充分体现人们生活环境品质的设计过程，也是一门改善人们使用与体验户外空间的艺术。

园林艺术设计范围广泛，以美化外部空间环境为目的的作品都属于其范畴，包括新城镇的景观总体规划、滨水景观带、居住区、街道，以及街头绿地等，几乎涵盖了所有的室外环境空间。

园林景观设计是一门综合性很强的学科，其内容不但涉及艺术、建筑、园林和城市规划，而且与地理学、生态学、美学、环境心理学等多种学科相关。它吸收了这些学科的研究方法和成果：设计概念以城市规划专业总揽全局的思维方法为主导，设计系统以艺术与景观专业的构成要素为主体，环境系统以园林专业所涵盖的内容为基础。

园林景观设计是一门集艺术、科学、工程技术于一体的应用学科，因此，它需要设计者具备相关学科的广博知识。

园林景观设计的形成和发展是时代赋予的使命。城市的形成是人类改变自然景观、重新利用土地的结果。但在此过程中，人类不尊重自然，肆意破坏地表、气象。特别是工业革命以后，建成大量的道路、住宅、工厂和商业中心，使得许多城市变为柏油、砖瓦、玻璃和钢筋水泥组成的大漠，离自然景观已相去甚远。因远离大自然而产生的心理压迫和精神桎梏、人满为患、城市热岛效应、空气污染、光污染、噪声污染、水环境污染等，这些都使人类的生存品质不断降低。

21世纪，人类在深刻反省中重新审视自身与自然的关系，重视"人居环境的可持续发展"。人类深切认识到园林景观设计的目的不仅仅是美化环境，更重要的是从根本上改善人的居住环境，维护生态平衡和保持可持续发展。

现代园林景观设计不再是早期达官显贵造园置石的概念了，它要担负起维护和重构人类生存环境的使命，为所有居住于城、镇、村的居民设计合宜的生存空间，构筑理想的居所。

"现代景观设计之父"奥姆斯特德在哈佛大学的讲坛上说："'景观技术'是一种'美术'，其重要的功能是为人类的生活环境创造'美观'；同时，还必须给城市居民以舒适、便利和健康。在终日忙碌的城市居民的生活中，缺乏自然提供的美丽景观和心情舒畅的声音，弥补这一缺陷是'景观技术'的使命。"

在我国，园林景观设计是一门年轻的学科，它有着广阔的发展前景。随着全国各地城镇建设速度的加快、人们环境意识的加强和对生活品质要求的提高，这一学科也越来越受到重视，其对社会进步所产生的影响也越来越大。

第二节　园林景观设计的特征

园林景观设计的特征主要表现在以下几个方面。

一、多元化

园林景观设计的构成元素和涉及问题的综合性使它具有多元化特点。这种多元化体现在与设计相关的自然因素、社会因素的复杂性，以及设计目的、设计方法、实施技术等方面的多样性上。

与景观设计有关的自然因素包括地形、水体、动植物、气候、光照等自然资源，分析并了解它们彼此之间的关系，对设计的实施非常关键。比如，不同的地形会影响景观的整体格局，不同的气候条件则会影响景观内栽植的植物种类。

社会因素也是造成景观设计多元化的重要原因，因为景观设计的服务对象是群体大众。现代信息社会的多元化交流以及社会科学的发展，使人们对景观的使用目的、空间开放程度和文化内涵有不同的理解，这些会在很大程度上影响景观的设计形式。为了满足不同年龄、不同受教育程度和不同职业的人对景观环境的感受，景观设计必然会呈现多元化的特点。

二、生态性

生态性是园林景观设计的第二个特征。景观与人类和自然有着密切的联系，在环境问题日益突出的今天，生态性已引起景观设计师的高度重视。

美国宾夕法尼亚大学的景观建筑学教授麦克哈格就提出了"将景观作为一个包括地质、地形、水文、土地利用、植物、野生动物和气候等决定性要素相互联系的整体来看待"的观点。

把生态理念引入景观设计中，就意味着要做到以下几点。首先，设计要尊重物种多样性，减少对资源的掠夺，保持营养和水循环，维持植物环境和动物栖息地的质量。其次，尽可能地使用再生原料制成的材料，将场地上的材料循环使用，最大限度地发挥材料的潜力，减少因生产、加工、运输材料而消耗的能源，减少施工中的废弃物。最后，要尊重地域文化并保留当地的文化特点。例如，生态原则的一个重要体现就是高效率地用水，减少水资源消耗。因此，景观设计项目就应考虑利用雨水来解决大部分的景观用水，甚至能够达到完全自给自足，从而实现对城市洁净水资源的零消耗。

园林景观设计对生态的追求与对功能和形式的追求同样重要。从某种意义上来讲，园林景观设计是人类生态系统的设计，是一种基于自然系统自我有机更新能力的再生设计。

三、时代性

园林景观设计富有鲜明的时代特征，主要体现在以下几个方面。

其一，从过去注重视觉美感的中西方古典园林景观，到当今生态学思想的引入，景观设计的思想和方法发生的变化也很大程度地影响了景观的形象。现代景观设计不再仅仅停留于"堆山置石""筑池理水"，而是上升到提高人们生存环境质量、促进人居环境可持续发展的层面上。

其二，在古代，园林景观设计多停留在花园设计的狭小范围。而今天，园林景观设计介入了更为广泛的环境设计领域，它的范围包括城镇规划、滨水、公园、广场、校园甚至花坛的设计等，几乎涵盖了所有的室外环境空间。

其三，设计的服务对象也有了很大的不同。古代园林景观是少数统治阶层和商人贵族等享用的，而今天的园林景观设计则面向大众、面向普通百姓，充分体现了人文关怀。

其四，随着现代科技的发展与进步，越来越多的先进施工技术被应用到景观中，人类突破了沙、石、水、木等天然、传统施工材料的限制，开始大量地使用塑料制品、光导纤维、合成金属等新型材料来制作景观作品。例如，塑料制品现在已被普遍地应用于公共雕塑等方面，而各种聚合物则使轻质的、大跨度的室外遮蔽设计更加易于实现。施工材料和施工工艺的进步，大大增强了景观的艺术表现力，使现代景观更富生机与活力。

园林景观设计是一个时代的写照，是当代社会、经济、文化的综合反映，这使得园林景观设计带有明显的时代烙印。

第三节　园林景观设计的发展历史

一、中国园林景观发展历史

中国园林景观的历史非常悠久。今天所说的"园林景观设计"，其实际含义类同于我国古代的园林造景。我国的园林造景历史悠久，大约从奴隶社会的末期到封建社会的解体这3 000余年的发展过程中形成了独树一帜的中国古典园林体系。这个体系在中国的农耕经济、集权政治、封建文化的影响下成长，在漫长的历史进程中呈现出自我完善、持续不断的演变过程。

我国古典园林的发展大致经历了四个时期，下面做具体介绍。

（一）汉代及汉代以前的生成期

这一时期包括商、周、秦、汉，是中国古典园林产生和成长的生成期。

在奴隶社会后期的商末周初，形成了中国古典园林的雏形。它是一种苑与台相结合的形式。苑是指圈定一个自然区域，在里面放养众多野兽和鸟类。苑主要作为狩猎、采樵、游憩之用。台是指园林里面的建筑物，是一种人工建造的高台，供观察天文气象和游憩眺望之用。公元前11世纪，周文王下令筑的灵台、灵沼、灵囿可以说是中国最早的皇家园林。

秦始皇灭诸侯统一全国后，在都城咸阳修建上林苑，苑中建有许多宫殿，最主要的一组宫殿建筑群是阿房宫。苑内森林覆盖、树木繁茂，成为当时最大的一座皇家园林。

在汉代，皇家园林是造园活动的主流形式，它继承了秦代皇家园林的传统,既保持其基本特点,又有所发展。这一时期,帝苑的观赏内容明显增多,苑已成为具有居住、娱乐、休息等多种用途的综合性园林。汉武帝下令扩建了上林苑,苑内修建了大量的宫、观、楼、台,供游赏居住,并种植各种奇花异草,蓄养各种珍禽异兽供帝王狩猎。汉武帝信方士之说,追求长生不老,下令在最大的宫殿建章宫内开凿太液池,池中堆筑"方丈""蓬莱""瀛洲"三岛来模仿东海神山,运用了模拟自然山水的造园方法和池中置岛的布局形式。从此以后,"一池三山"成为历代皇家园林的主要模式,一直沿袭到清代。

汉武帝以后,贵族、官僚、地主、商人广置田产,拥有大量奴隶,过着奢侈的生活,并出现了私家造园活动。这些私家园林规模宏大、楼台壮丽。茂陵富人袁广汉于北邙山下营建园林,"东西四里,南北五里,激流水注其内。构石为山,高十余丈,连延数里……奇兽怪禽,委积其间。积沙为洲屿,激水为波潮……奇树异草,靡不具植。屋皆徘徊连属,重阁修廊,行之,移晷不能遍也。"(刘歆《西京杂记》)

在西汉出现了师法大自然景观并以人工山水和花草房屋相结合的造园风格,这些虽已具备中国风景式园林的特点,但尚处于比较原始、粗放的形态。在一些传世和出土的汉代画像砖、画像石和器物上,能看到汉代园林形象的再现。

(二)魏晋南北朝的转折期

魏晋南北朝是中国古典园林发展史上的转折期。造园活动开始普及于民间,园林完全转向于以满足人们物质和精神享受为主,并升华到艺术创作的新境界。

魏晋之际,社会动荡不安,士族阶层深感生死无常、贵贱骤变,受当时佛道出世思想的影响,大都崇尚玄谈,寄情山水、讴歌自然景物和田园风光的诗文涌现于文坛,山水画也开始萌芽。这些都促进了知识分子阶层对大自然的再认识,人们开始从审美角度去亲近自然。相应的,人们对自然美的鉴赏取代了过去对自然敬畏的态度,自然美成为中国古典园林美学思想的核心。

当时的官僚士大夫虽身居官场,但热衷于游山玩水。为了达到既能避免跋涉之苦、又能长期拥有大自然山水风景的目的,他们纷纷造园。门阀士族、文人、地主、商人竞相效仿,于是私家园林便应运而生。

杨炫之在《洛阳伽蓝记》中记载了北魏首都洛阳当时的情形："于是帝族王侯，外戚公主，擅山海之富，居川林之饶，争修园宅，互相夸竞。崇门丰室，洞户连房；飞馆生风，重楼起雾。高台芳树，家家而筑；花林曲池，园园而有。莫不桃李夏绿，竹柏冬青。"可见当时私家造园之盛。

私家园林，特别是依照大城市邸宅而建的宅园，由于受地理条件、经济力量和封建礼法的限制，规模不可能太大。那么在有限的面积里全面体现大自然山水景观，就必须求助于"小中见大"的规划设计。人工山水园的筑山理水不再像汉代私园那样大规模地运用单纯写实模拟的手法，而是对大自然山水景观适当地加以提炼和概括，由此开启了造园艺术写意创作方法的萌芽。

例如，在私家园林中，叠石为山的手法较为普遍，并开始出现对单块美石的欣赏；园林理水的技巧比较成熟，水体丰富多样，并在园内占有重要位置；园林植物种类繁多，并能够与山水配合成为分割园林空间的手段；园林建筑力求与自然环境相协调，一些"借景""框景"等艺术处理手法被频繁使用。园林的设计向精致的方向发展，造园成为一门真正的艺术。

皇家园林受当时民间造园思潮的影响，由典型的再现自然山水的风雅意境转向单纯地模仿自然界，因而苑囿风格有了明显改变。汉代以前盛行的畋猎苑囿，开始被表现自然美的园林所代替。

（三）唐宋的全盛期

唐宋时期的园林在魏晋南北朝所奠定的风景式园林艺术的基础上，随着封建社会经济、政治和文化的进一步发展而臻于全盛局面。

唐代的私家园林较之魏晋南北朝更为兴盛，普及面更广。当时首都长安城内的宅园几乎遍布各里坊，城南、城东近郊和远郊的"别业""山庄"亦不在少数，皇室贵戚的私园大都崇尚豪华。园林中少不了亭台楼阁、山池花木、盆景假山，"刻凤蟠螭凌桂邸，穿池叠石写蓬壶"（韦元旦《奉和幸安乐公主山庄应制》）。

这一时期，文人参与造园活动，促成了文人园林的兴起。文人造园家把儒、道、禅的哲理汇于造园思想中，使其园林创作格调清新淡雅、意境悠远丰富。这些都促进了写意的创作手法的进一步深化，为宋代文人园林的兴盛奠定了基础。

唐代的皇家园林规模宏大，这反映在园林的总体布局和局部的设计处理上。园林的建筑规范化，大体上形成了大内御苑、行宫御苑和离宫御苑的类别，体现了一种"皇家气派"。

宋代，由于相对稳定的政治局面和农业手工业的发展，园林也在原有基础上渗入地方城市和社会各阶层的生活中，上至帝王，下至庶民，无不大兴土木、广营园林。皇家园林被大量修建，其数量之多、分布之广，在宋代以前是见所未见的。其中，私家造园活动最为突出，文人园林大为兴盛，文人雅士把自己的世界观和欣赏趣味在园林中集中表现，创造出一种简洁、雅致的造园风格。这种风格几乎涵盖了私家造园活动，同时还影响到了皇家园林。宋代苏州的沧浪亭为现存最为悠久的一处苏州园林。

宋代的城市公共园林发展迅速，如西湖经南宋的继续开发已成为当时的风景名胜游览地。在环湖一带的众多小园林中，既有私家园林，又有皇家园林；诸园各抱地势，借景湖山，人工与天然融为一体。

唐代园林创作多采用写实与写意相结合的手法，南宋时已完成向写意的转化。由于受禅宗哲理以及文人画写意画风的直接影响，园林呈现为"画化"的特征，景题、匾额的运用，又赋予园林以"诗化"的特征。它们不仅抽象地体现了园林的诗画情趣，同时也深化了园林的意境蕴涵，而这正是中国古典园林所追求的境界。

唐宋时期的园林艺术影响了一衣带水的邻国日本的造园风格，日本几乎是模仿中国的造园艺术。后来日本园林受佛教思想，特别是受禅宗的影响较深，园林的设计禅味甚浓，多闲情逸致。

（四）明清的成熟期

明清园林继承了唐宋的传统并经过长期安定局面下的持续发展，无论是造园艺术还是造园技术，都达到了十分成熟的境界，代表了中国造园艺术的最高成就。

和其他时期的园林相比，明清时期的园林受诗文绘画的影响更深。不少文人画家同时也是造园家，而造园匠师也多能诗善画，因此造园的手法以写意创作为主导。这种写意风景园林所表现出来的艺术境界也最能体现当时文人所追求的"诗情画意"。这个时期的造园技艺已经成熟，丰富的造园经验经过不断积累，由造园家总结为理论著作刊行于世，如计成所著的《园冶》。

明清私家园林以江南地区宅园的水平最高，数量也多，主要集中在今南京、苏州、扬州、杭州一带。江南是明清时期经济最发达的地区，经济的发达促成地区文化水平的不断提高。这里文人辈出，文风之盛居于全国之首。江南一带风景绚丽、河道纵横、湖泊遍布，盛产造园用的优质石料，民间的建筑技艺精湛，加之土地肥沃、气候温和湿润、树木花卉易于生长等，这些都为园林的发展提供了极有利的物质条件和得天独厚的自然环境。

江南私家园林保存了为数甚多的优秀作品，如拙政园、寄畅园、留园、网师园等，这些优秀的园林作品如同人类艺术长河中熠熠生辉的珍珠。江南私家园林以其深厚的文化积淀、高雅的艺术格调和精湛的造园技巧在民间私家园林中占据首席地位，成为中国古典园林发展史上的一个高峰，代表着中国风景园林艺术的最高水平。

清代皇家园林的建筑规模和艺术造诣都达到了历史上的高峰。乾隆皇帝六下江南，对当地私家园林的造园技艺倾慕不已，遂命画师临摹绘制，以作为皇家建园的参考，这在客观上使得皇家园林的造园技艺深受江南私家园林的影响。但皇家园林规模宏大，是绝对君权集权政治的体现。清代皇家园林造园艺术的精华几乎都集中于大型园林，尤其是大型离宫御苑，如堪称三大杰作的圆明园、清漪园（颐和园）、承德避暑山庄。

随着封建社会由盛而衰，园林艺术也从高峰跌落至低谷。清乾隆、嘉庆时期的园林作为中国古典园林的最后一个繁荣时期，既承袭了过去全部的辉煌成就，也预示着末世衰落的到来。到咸丰、同治以后，外侮频繁、国事衰弱，再没有出现过大规模的造园活动，园林艺术也随着我国沦为半殖民地半封建社会而逐渐进入一个没落、混乱的时期。

二、外国园林景观发展历史

（一）日本的缩景园

日本庭院受中国唐代"山池院"的影响，逐渐形成了日本特有的"山水庭"。山水庭十分精致小巧，它模仿大自然风景，缩影于庭院之中，像一幅自然山水画，以石灯、洗手钵为陈设品，同时还注意色彩层次和植物配置。

日本传统园林有筑山庭、平庭、茶庭三大类。

1. 筑山庭

筑山庭是人造山园，以表现山峦、平野、溪流、瀑布等自然风光为主。其以山为主景，以重叠的山水形成近山、中山、远山、主山、客山，焦点为流自山间的瀑布。山前一般是水池或湖面，池中有岛，池右为"主人岛"，池左为"客人岛"，中间以小桥相连。山以堆土为主，上面植盆景式乔木、灌木模拟山林，并布置山石象征石峰、石壁、山岩，形成自然景观的缩影。

其供眺望的部分称"眺望园"，供观赏游乐的部分称"逍遥园"。池水部分称"水庭"。日本筑山庭另有"枯山水"，又称"石庭"。其布置类似筑山庭，但没有真水，而是以卵石、沙子模拟水波，置石组模拟岛屿，表现出岛国的情趣。

2. 平庭

平庭一般布置在平坦的园地上，设置一些聚散不等、大小不一的石块，布置石灯笼、植物、溪流，象征原野和谷地，岩石象征山，树木代替森林。平庭也常用枯山水，以沙做水面。

3. 茶庭

茶庭是指一小块庭地，与庭园其他部分隔开，布置在筑山庭式平原之中，四周用竹篱或木栅栏围合，由小庭门入内，主体建筑是茶道仪式的茶屋。茶庭是以茶道仪式的茶屋衍生出的小庭园，一般是进茶屋的必经之园。进入茶庭时，先洗手，后进茶屋。茶庭内必设洗手水钵、石灯笼，而一般极少用鲜艳的花木。庭院和石山通常只配置青苔，营造深山幽谷般的清凉世界。茶庭是以远离尘世的茶道气氛引起人们沉思默想的庭园。

（二）意大利台地园

意大利文艺复兴时期，造园艺术成就很高，在世界园林史上占有重要地位。当时的贵族倾心于田园生活，往往迁居到郊外或海滨的山坡上，依山建造庄园别墅。其布局采用几何图案的中轴对称形式，下层种花草、灌木做花坛；中上层为主体建筑，植物栽培和修剪注意与自然景观的过渡关系，靠近建筑部分逐渐减弱规则式风格。由内向外看，即从整体修剪的绿篱到不经修剪的树丛，然后是园外大片的天然树木。

台地园里的植物以常绿树木石楠、黄杨、珊瑚树为主，采取规划图案的绿篱造型，以绿色为基调，给人舒适、宁静的感觉。高大的树木既遮阴又可用作分隔园林空间。台地园内很少种植鲜艳的花卉。

意大利台地园在山坡上建园，视野开阔，有利于俯视观览与远眺借景，也有利于利用山上的山泉引水造景。水景通常是园内的一个主景，理水方式有瀑布、水池、喷泉、壁泉等，既继承了古罗马的传统，又有新的内容。由于意大利位于阿尔卑斯山南麓，山陵起伏、草木繁盛、盛产大理石，因此，在风景优美的台地园中常设有精美的雕塑，形成了意大利台地园的特殊艺术风格。

（三）法国几何式宫苑

17、18世纪的法国宫苑，是受意大利文艺复兴影响、并结合本国的自然条件而创造出的具有法国独特风格的园林艺术。法国地势平坦，雨量适中，气候温和，多落叶和阔叶树林，因此，法国宫苑常以落叶密林为背景，广泛种植修剪整形的常绿植物。以黄杨、紫杉做图案树坛，丰富的花草做图案花坛，再利用平坦的大面积草坪和浓密的树林衬托华丽的花坛。行道树以法国梧桐为主，建筑物附近有修剪成型的绿篱，如黄杨、珊瑚树等。

法国宫苑规划精致开朗、层次分明、疏密对比强烈；水景以规划河道、水池、喷泉以及大型喷泉群为主，在水面周围布置建筑物、雕塑和植物，增加景观的动感、倒影和变化效果，以此扩大园林空间感。路易十四建造的凡尔赛宫是法国宫苑的杰出代表。

（四）英国风景园

15世纪以前，英国园林风格比较朴实，以大自然草原风光为主。16、17世纪，同样受意大利文艺复兴的影响，一度流行规整式园林风格。18世纪由于浪漫主义思潮在欧洲兴起，出现了追求自然美、反对规整的人为布局的趋势。中国自然式山水园林被威廉·康伯介绍进来后，英国一度出现了对中国式园林的崇尚。直至工业革命后，牧区荒芜，为城郊提供了大面积造园的用地条件，于是发展出英国自然式风景园。

英国风景园有自然的水池、略有起伏的大片草地，道路、湖岸、树木边缘线采用自然圆滑的曲线，树木以孤植、丛植为主，植物采用自然式种植，种类繁多，色彩丰富，经常以花卉为主题，并且有小型建筑点缀其间。小路多不铺装，任人在草地上漫步运动，追求田园野趣。园林的界墙均做隐蔽处理，过渡手法自然，并且把园林建立在生物科学基础上，发展成主题类型园，如岩石园、高山植物园、水景园、沼泽园，或是以某种植物为主题的蔷薇园、鸢尾园、杜鹃园、百合园、芍药园等。

（五）美国国家公园

1872年美国西部怀俄明州北部落基山脉中开辟的黄石国家公园，是世界上第一个国家公园，面积约为8 900 km^2，温泉广布，有数百个间歇泉，水温高达85℃。美国现有国家公园40多处，大片的原始森林，肥美的广阔草原，珍贵的野生动植物，古老的化石与火山、热泉、瀑布，形成了美国国家公园系统。

美国国家公园注重自然风景，室内外空间环境相互联系，采用自然曲线形水池和混凝土道路。园林建筑常用钢木材料，用散置林木、山石等装饰园林。美国国家公园内严禁狩猎、放牧、砍伐树木，大部分水源不得用于灌溉和建水电站。公园内有便利的交通、宿营地和游客中心，为旅游和科学考察提供方便。

中西方古典园林在思想文化与艺术形态上都有一定程度的差异，其对比如表1-1所示。

表1-1　中西方古典园林对比

对比方面	具体内容
思想文化上的差异	中国古典园林受道家思想影响，"道法自然"是道家哲学的核心。它强调一种对自然界深刻的敬意，这奠定了中国园林"师法自然"的设计原则。 而欧洲古典园林受欧洲美学思想的影响，这种美学思想是建立在"唯理"基础上的，美是通过数字比例来表现的，如强调整齐秩序、平等对称等
艺术形态上的差异	正是思想文化上的差异，导致了中西方古典园林艺术形态上的差异。中国古典园林本于自然，又高于自然，把人工美和自然美巧妙结合，从而做到"虽由人作，宛自天开"，即强调自然美。 欧洲古典园林整齐对称，具有明确的轴线引导，讲究几何图案的组织，即强调人工美

第二章 园林绿化组成要素的规划设计

第一节 园林地形规划设计

园林绿地组成要素设计是进行各类园林绿地规划设计所必须掌握的基本能力。通过对园林绿地组成要素的构成训练和设计过程的训练，了解园林绿地各组成要素的类型与功能，熟悉园林绿地各组成要素的特性，掌握园林各组成要素的设计原则和方法，能结合园林绿地现状完成园林绿地各组成要素的设计，为各类园林绿地的规划及设计奠定基础。

地形是指地面上各种高低起伏的形状，地貌是指地球表面的外貌特征，地物是指地上和地下的各种设施和事物。地形是构成园林实体非常重要的要素，也是其他诸要素的依托基础和底界面，是构成整个园林景观的骨架。不同的地形、地貌反映出不同的景观特征，它影响着园林的布局和风格。有了良好的地形地貌，才有可能产生良好的景观效果。因此，地形地貌是园林造景的基础。

从园林范围方面来说，地形包含土丘、台地、斜坡、平地或因台阶和坡道所引起的水平面变化的地形，这类地形统称为小地形；起伏最小的地形称为微地形，它包括沙丘上的微弱起伏、波纹或道路上石头和石块的不同变化。总之，地形是外部环境的地表因素。

一、园林地形的形式

按地形的坡度不同分类，它可分为平地、台地和坡地。平地是指坡度介于1%~7%的地形，台地是由多个不同高差的平地联合组成的地形，坡地可分陡坡和缓坡。

（一）按地形的形态特征分类

1. 平坦地形

平坦地形是园林中坡度比较平缓的用地，坡度介于1%~7%。平坦地形在视觉上空旷、宽阔，视线遥远，景物不被遮挡，具有强烈的视觉连续性；平坦地面能与水平造型互相协调，使其很自然地同外部环境相吻合，并与地面垂直造型形成强烈的对比，使景物突出；平坦地形可作为集散广场、交通广场、草地、建筑等用地，以接纳和疏散人群、组织各种活动或供游人游览和休息。

2. 凸地形

凸地形具有一定的凸起感和高耸感，凸地形的形式有土丘、丘陵、山峦以及小山峰。凸地形具有构成风景、组织空间、丰富园林景观的功能，尤其在丰富景点视线方面起着重要的作用。凸地形比周围环境的地势高、视野开阔，具有延伸性，空间呈发散状。它一方面可组织成为观景之地，另一方面因地形高处的景物最突出、明显，能使人产生对某物或某人更强的尊崇感，因此又可成为造景之地。

3. 凹地形

凹地形也被称为碗状洼地。凹地形是景观中的基础空间，适宜于多种活动的进行，当其与凸地形相连接时，它可完善地形布局。凹地形是一个具有内向性和不受外界干扰的空间，给人一种分割感、封闭感和私密感。凹地形还有一个潜在的功能，就是充当一个永久性的湖泊、水池或者蓄水池。凹地形在调节气候方面也有重要作用：它可躲避掠过空间上部的狂风；当阳光直接照射到其斜坡上时，可使地形内的温度升高，因此凹地形与同一地区内的其他地形相比更暖和、风沙更少、更具宜人的小气候。

4.山脊

山脊总体上呈线状，与凸地形相比较，其形状更紧凑、更集中。山脊可以说是更"深化"的凸地形。

山脊可限定空间边缘，调节其坡上和周围环境中的小气候。在景观中，山脊可被用来转换视线在一系列空间中的位置或将视线引向某一特殊焦点。山脊还可充当分隔物，作为一个空间的边缘，犹如一道墙体将各个空间或谷地分隔开来，使人感到有"此处"和"彼处"之分。从排水角度而言，山脊的作用就像一个"分水岭"，降落在山脊两侧的雨水，将各自流到不同的排水区域。

5.谷地

谷地综合了凹地形和山脊地形的特点。与凹地形相似，谷地在景观中也是一个低地，是景观中的基础空间，适合安排多种项目和内容。它与山脊相似，也呈线状，具有方向性。

（二）园林地形与生态

生态是指生物的生活状态，指生物在一定的自然环境下生存和发展的状态，以及生物之间、生物与环境之间环环相扣的关系。现代城市园林和传统园林相比，现代园林更注重生态景观和生态学理论的应用与推广。与传统园林相比，生态理论在现代城市公园生态景观中的运用更为积极和深入。地形设计把生态学原理放在首位，在生态科学的前提下确定景观特征。地形是植物和野生动物在花园中生存的最重要的基础。它不仅是创造不同空间的有效方式，还可以通过不同的形状和高度创造不同的栖息地。不断变化的地形为丰富植物种类和数量提供了更多的空间，也为昆虫、鸟类和小型哺乳动物等野生动物提供了栖息地。

（三）园林地形与美学

现代园林地形的种类更加丰富，地形的使用也日益普遍。我们在日常生活、学习和工作中，经常接触到各种各样的地形。它们所具有的三个基本特性是不会改变的。每一个地形都利用点、线、面的组合显示出大量的地理信息及地形特色。

1. 直接表现

一个线条光滑、美观秀丽的优美地形，让人赏心悦目，得到美的感受。具有时代感的优秀山水地形作品，让人心悦诚服。地形可以直接代表外在形式的艺术美感，也可以间接地反映出科学美内在的逻辑意蕴，更能体现理性更深的美。运用独特的地形技术，可以正确地反映我国悠久的历史和灿烂的文化。

2. 间接表现

园林地形必须具有严密的科学性、可靠的实用性、精美的艺术性。这是表现园林地形美的三个主要方面。①科学性。科学性是地形科学美的基本要求。它体现于设计地形的数学基础（确保精度）、特定的栽植植物和特殊的堆砌方法，从尽可能少和简单的概念出发，规律性地描述园林地形单个对象及其整体。②实用性。实用性是地形美的实质，主要表现在地形内容的完备性和适应性两方面。适应性是地形所处位置的审美特征，指地形承载内容的表现形式、技术手段能被人理解、接受，使人感到视觉美以及形式与内容相统一的和谐美。③艺术性。艺术性是地形艺术美所在，主要体现在地形具有协调性、层次性和清晰性三方面。协调性是指地形总体构图平衡、对称，各要素之间能配合协调、相互衬托，地形空间显得和谐；层次性是指园林地形结构合理、有层次感，主体要素突出于第一视觉层面上，其他要素置于第二或第三视觉层面上；清晰性是指地形有适宜的承载量，地形所承载的植物、构筑、水面等配比合适，各元素之间搭配正确合理，内容明快实在、贴近自然，使人走入园林有一种美的感受。

（四）地形塑造

1. 技术准备

工作人员应熟悉施工图纸及施工地块内土层的土质情况；了解地形，整理地块的土质及周边的地质等情况；在具体的测量放样时，可以根据施工图的要求，做好控制桩并做好保护；编制施工方案，提出土方造型的操作方法，提出需用施工机具、劳动力等。

2. 人员准备

组织并配备土方工程施工所需各专业技术人员、管理人员和技术工人，组织安排作业班次，制定较完善的技术岗位责任制和技术、质量安全管理网络，建立技术责任制和质量保证体系。

3. 设备准备

做好设备调配，对进场挖土、推土、造型、运输车辆及各种辅助设备进行维修检查、试运转并运至使用地点就位。对拟采用的土方工程新机具组织力量进行研制和试验。

4. 施工现场准备

土方施工条件复杂，施工受到地质、气候和周边环境的影响很大，所以我们要把握好施工区域内的地下障碍物，核查施工现场地下障碍物数据，确认可能影响地下管线的施工内容。全面估算施工中可能出现的不利因素，并提出各种相应的预防措施和应急措施，包括临时水、电、照明和排水系统以及铺设路面的施工。在原建筑物附近的挖填作业中，一方面要考虑原建筑物是否会因外力作用受到损伤，根据施工单位提供的准确位置图，组织测量人员进行方位测量；另一方面进行基层处理，由建设单位自检、施工或监理单位验收。在整个施工现场，要根据施工图的布设、精确定位标准的设置和高程的高低进行开挖和成桩施工。在地形整理工程施工前，必须完成各种报关手续和各种证照的办理。

再好的地形设计，只有经过测绘施工等生产过程中各生产作业人员的认真工作，才能得以实现。这就要求各工序的生产者具有高度的责任心和专业理论知识，具有正确的审美观和较高的修养，能自觉地、主动地按照自然规律进行创造性的与卓有成效的生产作业。如此，经过大家的共同努力，才能出精品园林景观，让园林景观展现出大自然的魅力，以满足人们及社会的需要。

二、园林地形的功能与作用

（一）地形的基础和骨架作用

地形是构成园林景观的骨架，是园林中所有景观元素与设施的载体，它为园林中其他景观要素提供了赖以存在的基面，是其他园林要素的设计基础和骨架，也是其他要素的基底和衬托。地形可被当作布局和视觉要素来使用，地形有许多潜在的视觉特性。在园林设计中，要根据不同的地形特征，合理安排其他景物，使地形起到较好的基础作用。

（二）地形的空间作用

地形因素直接制约着园林空间的形成，地形可构成不同形状、不同特点的园林空间，地形可以分隔、创造和限制外部空间。

（三）改善小气候的作用

地形可影响园林某一区域的光照、温度、风速和湿度等。园林地形的起伏变化能改善植物的种植条件，能提供阴、阳、缓、陡等多样性的环境。利用地形的自然排水功能，可提供干湿不同的环境，使园林中出现宜人的气候以及良好的观赏环境。

（四）园林地形的景观作用

作为造园要素中的底界面，地形具有背景角色。例如，对平坦地形上的园林建筑、小品、道路、树木、草坪等景物而言，地形是每个景物的底面背景。同时，园林凹凸地形可作为景物的背景，形成很好的构图关系。另外，地形能控制视线，能在景观中将视线导向某一特定点，影响某一固定点的可视景物和可见范围，形成连续观赏或景观序列，通过对地形的改造和组合，可产生不同的视觉效果。

（五）影响旅游线路和速度

地形可被用在外部环境中，影响行人和车辆运行的方向、速度和节奏。在园林设计中，可用地形的高低变化、坡度的陡缓以及道路的宽窄、曲直变化等来影响和控制游人的游览线路及速度。[①]

三、园林地形处理的原则

（一）因地制宜原则

园林地形的设计，首先要考虑对原有地形的利用，以充分利用为主，改造为辅，要因地制宜，尽量减少土方量。建园时，最好达到园内的土方量填

---

① 陈伟军. 工厂绿化的要求及树种选择 [J]. 现代农业科技，2012（13）：204-207.

挖平衡，节省劳力和建设投资。但是，对有碍园林功能和园林景观的地形要大胆改造。

1. 满足园林性质和功能的要求

园林绿地的类型不同，其性质和功能就不一样，对园林地形的要求也就不尽相同。城市中的公园、小游园、滨湖景观、绿化带、居住区绿地等对园林地形要求相对要高一些，可进行适当处理，以满足使用和造景方面的要求。郊区的自然风景区、森林公园、工厂绿地等对地形的要求相对低一些，可因势就形稍做整理，偏重于对地形的利用。

游人在园林内进行各种游憩活动，对园林空间环境有一定的要求。因此，在进行地形设计时要尽可能地为游人创造出各种游憩活动所需的不同的地貌环境。例如，游憩活动、团体集会等需要平坦地形；进行水上活动时需要较大的水面；登山运动需要山地地形；各类活动综合在一起，需要不同的地形分割空间。利用地形分割空间时，常需要有山岭坡地。

园林绿地内地形的状况与容纳的游人量有密切的关系，平地容纳的人多，山地及水面则受到限制。

2. 满足园林景观要求

不同的园林形式或景观对地形的要求是不一样的，自然式园林要求地形起伏多变，规则式园林则需要开阔平坦的地形。要构成开放的园林空间，需要有大片的平地或水面。幽深景观需要层次多的山林，大型广场需要平地，自然式草坪需要微起伏的地形。

3. 符合园林工程的要求

园林地形的设计在满足使用和景观功能的同时，必须符合园林工程的要求。当地形比较复杂时，山体的高度、土坡的倾斜面、水岸坡度的合理稳定性、平坦地形的排水问题、开挖水体的深度与河床的坡度关系、园林建筑设置的基础以及桥址的基础等都要以科学为依据，以免发生如陆地内涝、水面泛滥与枯竭、岸坡崩坍等工程事故。

4. 符合园林植物的种植要求

地形处理还应与植物的生态习性、生长要求相一致，使植物的种植环境符合生态地形的要求。对古树名木要尽量保持它们原有地形的标高，且不要破坏它们的生态环境。总之，在园林地形的设计中，要充分考虑园林植物的生长环境，尽量创造出适宜园林植物生长的环境。

（二）园林地形的造景设计

1. 平坦地形的设计

平坦地形是坡度小于3%的地形。平坦地形按地面材料可分为土地面、沙石地面、铺装地面和种植地面。土地面，如林中空地，适合夏日活动和游憩；沙石地面，如天然的岩石、卵石或沙砾；铺装地面可以是规则或不规则的；种植地面则是植以花草树木的地面。

平坦地形可用于开展各种活动，最适宜做建筑用地，也可做道路、广场、苗圃、草坪等用地，可组织各种文体活动，供游人游览休息，接纳和疏散人群，形成开朗景观，还可做疏林草地或高尔夫球场（坡度1%~3%）。①地形设计时，应同时考虑园林景观和地表水的排放，要求平坦地形有3%~5%的坡度。②在有山水的园林中，山水交界处应有一定面积的平坦地形作为过渡地带。临山的一边应以渐变的坡度和山体相接，近水的一旁以缓慢的坡度慢慢伸入水中，造成冲积平原的景观。③在平坦地形上造景可结合挖地堆山或用植物分隔、做障景等手法处理，以打破平地的单调乏味，防止景观一览无余。

2. 坡地地形的设计

布置道路建筑一般不受约束，可不设置台阶，可开辟园林水景，水体与等高线平行，不宜布置溪流。①中坡地（10%~<25%）在该地形设计中，可灵活多变地利用地形的变化来进行景观设计，使地形既相分割又相联系，成为一体。在起伏较大的地形的上部可布置假山，塑造成上部突出的悬崖式陡崖。布置道路时需设梯步，布置建筑最好分层设置，不宜布置建筑群，也不适宜布置湖、池，而宜设置溪流。②陡坡地（25%~50%）视野开阔，但在设计时需布置较陡的梯步。

在坡地处理中，忌将地形处理成馒头形。要充分利用自然，师法自然，利用原有植被和表土，在满足排水、适宜植物生长等使用功能的情况下进行地形改造。

3. 山地地形的设计

山地是坡度大于50%的地形。在园林地形的处理中，一般不做地形改造，不宜布置建筑，可布置蹬道、攀梯。

4. 假山设计与布局

假山又称掇山、迭山、叠山，包括假山和置石两个部分。假山是人工创作的山体，是以造景游览为主要目的，充分结合其他多方面的功能作用，以灰、土、石等为材料，以自然山水为蓝本并加以艺术的提炼，人工再造的山水景物的通称。置石是以山石为材料做独立性或附属性的造景布置，主要表现山石的个体美或局部的组合，而不具备完整的山形。

我国的园林以山水园著称。有山就有高低起伏的地势，假山可作为景观的主题以点缀空间，也可起分隔空间和遮挡视线的作用，能调节游人的视点，形成仰视、平视、俯视的景观，丰富园林艺术内容。山石可以堆叠成各种形式的蹬道，这是古典园林中富有情趣的一种创造方式，山石也可用作水体的驳岸。

第一，假山的分类。假山按构成材料可分为土山、石山和土石山三类。①土山是全部以土为材料创作的山体。要有30°的安息角，不能堆得太高、太陡。②石山是全部以石为材料创作的山体。这类山体多变，形态有的峥嵘，有的妩媚，有的玲珑，有的顽拙。③土石山土包石，以土为主，石占30%左右。石包土，以石为主，土占30%左右。假山按堆叠的形式分类，可分为仿云式、仿抽雕、仿山式、仿生式、仿器式等。

第二，假山的布局与造型设计。假山可以是群山，也可以是独山。在山石的设计中，要将较大的一面向阳，以利于栽植树木或安排主景，尤其临水的一面应该是山的阳面。山石可与植物、水体、建筑、道路等要素相结合，自成山石小景。假山大体上可分为两大类。一是写意假山。写意假山是以某种真山的意境创作而成的山体，取真山的山姿山容、气势风韵，经过艺术概括、提炼，再现在园林里，以小山之形传大山之神，给人一种亲切感，富有丰富的想象。例如，扬州个园的假山，用笋石（白果峰石）配以翠竹以刻画春季景观，用湖石配以玉兰、梧桐以刻画夏季景观，用黄石配以松柏、枫树衬托秋季景观，用宣石配以蜡梅、天竺葵衬托冬季景观。四季假山各具特色，表达出"春山淡雅而如笑，夏山苍翠而如滴，秋山明净而如妆，冬山惨淡而如睡"和"春山宜游，夏山宜看，秋山宜登，冬山宜居"的诗情画意。二是象形假山。象形假山是模仿自然界物体的形体、形态而堆叠起来的景观。自然界的山形形色色，自然界的石头也种类繁多，用于造园常见的有湖石、黄石、宣石以及灵璧石、虎皮石等种类。每种石头都有它自己的石质、石色、石纹、石理，且各有不同的形体轮廓。不同形态和质地的石头也有不同的性格。就造园来说，湖石的形体玲珑剔透，用它堆叠假山，情思绵绵。黄石则棱角分明，质地浑厚刚毅，用它堆叠假山，嵯峨棱角，峰峦起伏，给人的感觉是朴实苍润。因此，要分峰用石，避免混杂。假山的设计与布局应注意以下四个方面的问题。①满足功能要求。②明确山体朝向和位置。③假山不宜太高，高度通常 10~30 m 即可。④假山的设计应依照山水画法，做到师法自然。

5. 置石

第一，特置。特置也称孤植、单植，即一块假山石独立成景，是山石的特写处理。特置要求山石体量大、轮廓线突出、体姿奇特、山石色彩突出。特置常作为入口的对景、障景，庭园和小院的主景，道路、河流、曲廊拐弯处的对景。特置山石布置时，要相石立意，注意山石体量与环境相协调。

第二，散置。散置又称"散点"，即多块山石散漫放置，以石之组合衬托环境取胜。这种布置方式可增加某地段的自然属性，常用于园林两侧、廊间、粉墙前、山坡上、桥头、路边等或点缀建筑或装点角隅。散置要有聚散、断续、主次、高低、曲折等变化之分，要有聚有散、有断有续、主次分明、高低参差、前后错落、左右呼应、层次丰富、有立有卧、有大有小，仿佛山岩余脉或山间巨石散落或风化后残余的岩石。

第三，群置。群置即"大散点"，是将多块山石成群布置，作为一个群体来表现。布置时，要疏密有致、高低不一。置石的堆放地相对较多，群置在布局中要遵循"石之大小不等、石之高低不等、石之间距远近不等"的原则。

第四，对置。对置是沿中轴线两侧做对称位置的山石布置。布置时，要左右呼应、一大一小。在园林设计中，置石不宜过多，多则会失去生机；亦不宜过少，太少又会失去野趣。设计时，注意石不可杂、纹不可乱、块不可均、缝不可多。

叠山、置石和山石的各种造景，必须统一考虑安全、护坡、登高、隔离等各种功能要求。游人进出的假山，其结构必须稳固，应有采光、通风、排水的措施，并应保证通行安全。叠石必须保持本身的整体性和稳定性。山石衔接以及悬挑、假山的山石之间、叠石与其他建筑设施相接部分的结构必须牢固，以确保安全。

第二节　园林水体规划设计

水是园林设计中重要的组成部分，是所有景观元素中最具吸引力的一类要素。我国古代的园林设计，通常用山水树石、亭榭桥廊等巧妙地组成优美的园林空间，将我国的名山大川、湖泊溪流、海港龙潭等自然奇景浓缩于园林设计之中，形成山清水秀、泉甘鱼跃、林茂花好、四季有景的"山水园"格调，使之成为一幅美丽的山水画。

大自然中的水，有静水和动水之分。静态的水，面平如镜，清风掠过水面，波光粼粼，给人以宁静之感；皓月当空时，月印潭心，为人们提供优美的夜景。还有波澜不惊、锦鳞游泳的各类湖泊，与树林、石桥、建筑、山石交相辉映，相得益彰；又有幽静、深邃的峡谷深潭，使人联想起多少美丽动人的传说。动态的水，通常给人以活泼、奋发、奔放、洒脱、豪放的感觉。例如，山涧小溪、清泉沿滩泛漫而下，给人以轻松、愉快、柔和之感；又如，水从两山或峡谷之间穿过形成的涧流，由于水受两山约束，水流湍急，左避右撞，形成波涛汹涌、浪花翻滚的景观，给人以紧迫、负重之感；再如，水流从高山悬崖处急速直下，犹如布帛悬挂空中，形成瀑布，有的高大好似天上落下的银河，有的宽广宛如一面洁白如练的水墙，瀑底急流飞溅、涛声震天，使人惊心动魄、叹为观止。

一、园林景观水体规划的现状

中国园林素有"有山皆是园，无水不成景"之说，由此可见水对于景观的重要性。可是，水景的现状却令人担忧。城市中随处可见的大喷泉静静地躺在水里却不喷水，到处是被污染的河流、小溪，还有那笔直、高深的蓄洪大坝，更不用说那些早已干涸的水池了。这些是很普遍的水景现象，也是很可悲的水景现象。人有亲水的本性，设计师们也在努力满足人们的这种需求，这本身是件好事，可是结果却是令人失望的。在水资源紧缺的华北、西北一些城市，近年来出现大造城市景观水之风。有的城市"拦河筑坝"，把河水"圈"在城内；有的城市耗巨资"挖地造湖"，人为制造水域景观。在水资源日益缺乏的今天，如何去营造宜人的水景，如何去满足人们亲水的这种需求，成为摆在设计师面前的一个很重要的问题。

（一）水体的特征

水之所以成为造园者以及观赏者都喜爱的景观要素，除了水是大自然中普遍存在的景象外，还与水本身具有的特征分不开。

1. 水具有独特的质感

水本身是无色透明的液体，具有其他园林要素无法比拟的质感，主要表现在水的"柔"性。古代有以水比德、以水述情的描写，即所谓的"柔情似水"。水独特的质感还表现在水的洁净，在世间万物中，只有水具有本质的澄净，能洗涤万物。水之清澈、水之洁净，给人以无尽的联想。

2. 水有丰富的形式

水在常温下是一种液体，本身并无固定的形状，其观赏的效果取决于盛水物体的形状、水质和周围的环境。

水的各种形状、水姿都与盛水的容器相关。盛水的容器设计好了，所要达到的水姿就出来了。当然，这也与水本身的质地有关，各种水体用途不同，对水质的要求也不尽相同。

3. 水具有多变的状态

水因重力和受外界的影响，常呈现出四种不同的动静状态。一是平静的湖水，安详、朴实；二是因重力影响呈现流动；三是因压力向上喷涌，水花四溅；四是因重力下跌。水也会因气候的变化呈现多变的状态，水体可塑的状态与水体的动静两宜都给人以遐想。

4. 水具有自然的音响

运动着的水，无论是流动、跌落、喷涌，还是撞击，都会发出各自的音响。水还可与其他要素结合发出自然的声响。

5. 水具有虚涵的意境

水具有透明而虚涵的特性。表面清澈，呈现倒影，能带给人亦真亦幻的迷人境界，体现出"天光云影共徘徊"的意境。

总之，水具有其他园林要素无可比拟的审美特性。在园林设计中，应通过对景物的恰当安排，充分体现水体的特征，充分发挥水体的魅力，给园林更深的感染力。

（二）园林水体的布局形式

1. 规则式水体

规则式水体包括规则不对称式水体和规则对称式水体。此类水体的外形轮廓是有规律的直线或曲线闭合而形成的几何形，大多采用圆形、方形、矩形、椭圆形、梅花形、半圆形或其他组合类型，线条轮廓简单，有整齐式的驳岸，常以喷泉作为水景主题，并多以水池的形式出现。

规则式水体多采用静水形式，水位较为稳定，其面积可大可小，池岸离水面较近，配合其他景物，可形成较好的水中倒影。

2. 自然式水体

自然式水体的外形轮廓由无规律的曲线组成。园林中，自然式水体主要是对原水体进行的改造或者人工再造而形成的，是通过对自然界中存在的各种水体形式进行高度概括、提炼、缩拟，用艺术形式表现出来的。

自然式水体大致归纳为两种类型：拟自然式水体和流线型水体。拟自然式水体有溪、涧、河流、人工湖、池塘、潭、瀑布、泉等；流线型水体是指构成水体的外形轮廓自然流畅，具有一定的运动感。自然式水体多采用动水的形式形成流动、跌落、喷涌等各种水体形态，水位可固定也可变化，结合各种水岸处理能形成各种不同的水体景观。自然式水体的驳岸为各种自然曲线的倾斜坡度，且多为自然山石驳岸。

3. 混合式水体

混合式水体是规则式水体与自然式水体有机结合的一种水体类型，富于变化，具有比规则式水体更灵活自由、又比自然式水体易于与建筑空间环境相协调的优点。

（三）水体对园林环境的作用

1. 水体的基底作用

大面积的水体视域开阔、坦荡，有托浮岸畔和水中景观的基底作用。当进行大面积的水体景观营造时，要利用大水面的视线开阔之处，利用水面的基底作用，在水面的陆地上充分营造其他非水体景观，并使之在水中产生倒影。而且要将水中的倒影与景物本身作为一个整体进行设计，综合造景。

2. 水体的系带作用

在园林中，利用线型的水体将不同的园林空间、景点连接起来，形成一定的风景序列，或者利用线型水体将散落的景点统一起来，充分发挥水体的系带作用来创建不同的水体景观。

3. 水体的焦点作用

部分水体所创造的景观能形成一定的视线焦点。动态水景如喷泉、跌水、水帘、水墙、壁泉等，其水的流动形态和声响均能吸引游人的注意力。设计时，要充分发挥此类水景的焦点作用，形成园林中的局部小景或主景。用作焦点的水景，在设计中除处理好水景的比例和尺度外，还要考虑水景的布置地点。

（四）水体造景的手法与要求

水景的设计是景观设计的难点。首先，园林的不同性质、功能和要求，水体周围的其他园林要素如水体周围的温度、光线等自然因素都会直接影响水体景观的观赏效果。其次，要综合考虑工程技术、景观的需要等确定园林中水体采用何种布局手法及水体的大小等，以创造不同的水体景观。因此，水景的设计通常是一个园林设计成败的关键之一。水景的设计主要是水质和水形的设计。

1. 水质

水域风景区的水质要根据《地面水环境质量标准》安排不同的活动。水体设计中对水质有较高的要求，如游泳池、戏水池，必须以沉淀、过滤、净化措施或过滤循环方式保持水质或定期更换水体。绝大部分的喷泉和水上世界的水景设计，必须构筑防水层与外界隔断，并对水体采取相应的保护措施，保证水量充足，以达到景观设计要求。同时，要注意水的回收再利用，非接触性娱乐用水与接触性娱乐用水对水质的要求有所不同。

2. 水形

水形是水在园林中的应用和设计。根据水的类型及在园林中的应用，水形可分为点式水体、线式水体和面式水体三种形式。

（1）点式水体。

点式水体主要有喷泉和壁泉。喷泉又名喷水，是利用泉水向外喷射而供观赏的重要水景，常与水池、雕塑同时设计，起装饰和点缀园景的作用。喷泉的类型有地泉、涌泉、山泉、间歇泉、音乐喷泉、光控、声控喷泉等。喷泉的形式也很多，主要有喷水式、溢水式、溅水式等。

喷泉无维度感，要在空间中标示一定的位置，必须向上凸起呈竖向线性的特点。一是要因地制宜，根据现场地形结构，仿照天然水景制作而成，如壁泉、涌泉、雾泉、管流、溪流、瀑布、水帘、跌水、水涛、漩涡等。二是完全依靠喷泉设备人工造景。这类水景近年来在建筑领域得到了广泛应用，发展速度很快，种类繁多，有音乐喷泉、声控喷泉、摆动喷泉、跑动喷泉、光亮喷泉、游乐喷泉、超高喷泉、激光水幕电影等。

喷泉设置的地点宜在人流集中处。一般把它安置在主轴线或透视线上，如建筑物前方或公共建筑物前庭中心、广场中央、主干道交叉口、出入口、正副轴线的交点上、花坛组群等园林艺术的构图中心，常与花坛、雕塑组合成景。[1]

（2）壁泉。

壁泉严格来说也是喷泉的一种，壁泉一般设置于建筑物或墙垣的壁面，有时设置于水池驳岸或挡土墙上。壁泉由墙壁、喷水口、承水盘和贮水池等几部分组成。墙壁一般为平面墙，也可内凹做成壁龛形状。喷水口多用大理石或金属材料雕成龙头、狮子等动物形象，泉水由动物口中吐出喷到承水盘中然后由水盘溢入贮水池内。墙垣上装置壁泉，可破除墙面平淡单调的气氛，因此它具备装饰墙面的功能。

在造园构图上常把壁泉设置在透视线、轴线或者园路的端点，故又具备刹住轴线冲力和引导游人前进的功能。

（3）线式水体。

线式水体有表示方向和引导的作用，有联系统一和隔离划分空间的功能。

---

[1] 段晓梅.城乡绿地系统规划[M].北京：中国农业大学出版社，2017.

沿着线性水体安排的活动可以形成序列性的水景空间。

①溪、涧和河流。

溪、涧和河流都属于流水。在自然界中，水源自源头集水而下，到平地时，流淌向前，形成溪、涧及河流水景。溪、涧的水面狭窄而细长，水因势而流，不受拘束。水口的处理应使水声悦耳动听，使人犹如置身于真山真水之间。溪涧设计时，源头应做隐蔽处理。

溪、涧、河流、飞瀑、水帘、深潭的独立运用或相互组合，巧妙地运用山体，建造岗、峦、洞、壑，以大自然中的自然山水景观为蓝本，采取置石、筑山、叠景等手法，将从山上流下的清泉建成蜿蜒流淌的小溪或浪花飞溅的涧流，如苏州的虎跑泉等。在平面设计上，应蜿蜒曲折、有分有合、有收有放，构成大小不同的水面或宽窄各异的河流。在立面设计上，随地形变化形成不同高差的跌水。同时，应注意河流在纵深方面上的藏与露。

②瀑布。

瀑布是由水的落差形成的，属于动水。瀑布在园林中虽用得不多，但它的特点鲜明，既充分利用了高差变化，又使水产生动态之势。例如，把石山叠高，下挖成潭，水自高往下倾泻，击石四溅，俨如千尺飞流，震撼人心，令人流连忘返。

瀑布由五个部分构成：上游水流、落水口、瀑身、受水潭、下游泄水。瀑布按形态不同，可分为直落式、叠落式、散落式、水帘式、喷射式；按瀑布的大小，可分为宽瀑、细瀑、高瀑、短瀑、涧瀑等。人工创造的瀑布景观模拟的是自然界中的瀑布，应按照园林中的地形情况和造景需要，创造不同的瀑布景观。

③跌水。

跌水有规则式跌水和自然式跌水之分。所谓规则式，就是跌水边缘为直线或曲线且相互平行，高度错落有致使跌水规则有序。而自然跌水则不必一定要平行整齐，如泉水从山体自上而下三叠而落，连成一体。

（4）面式水体。

面式水体主要体现静态水的形态特征，如湖、池、沼、井等。面式水体常采用自然式布局，沿岸因境设景，可在适当位置种植水生植物。

①湖、池。

湖属于静水，在园林中可利用湖获取倒影，扩展空间。在湖体的设计中，主要是湖体的轮廓设计以及用岛、桥、矶、礁等来分隔而形成的水体景观。

园林中常以天然湖泊作为面式水体，尤其是在皇家园林中，此水景有一望千顷、海阔天空之气派，构成了大型园林的宏旷水景。而私家园林或小型园林中的水体面积较小，其形状可方、可圆、可直、可曲，常以近观为主，不可过分分隔，故给人的感觉古朴野趣。园林中的水池面积可大可小，形状可方可圆，水池除本身外形轮廓的设计外，与环境的有机结合也是水池设计的重点。

②潭、滩。

潭景一般与峭壁相连，水面不大，深浅不一。大自然之潭周围峭壁嶙峋，俯瞰气势险峻，好似万丈深渊。庭园中潭之创作，岸边宜叠石，不宜披土。光线处理宜荫蔽浓郁，不宜阳光灿烂。水位标高宜低下，不宜涨满。水面集中而空间狭隘是渊潭的创作要点。

滩水浅而与岸高差很小。滩景可结合洲、矶、岸等，极富自然。

③岛。

岛一般是指突出水面的小土丘，属块状岸型。常用的设计手法是岛外水面萦回，折桥相引；岛心立亭，四面配以花木景石，形成庭园水局之中心，游人临岛眺望，可遍览周围景色。该岸型与洲渚相仿，但体积较小，造型也很灵巧。

④堤。

以堤分隔水面，属带形岸型。在大型园林中，如杭州西湖苏堤，既是园林水局中之堤景，又是诱导眺望远景的游览路线。在庭园里用小堤做景的，多做庭内空间的分割，以增添庭景之情趣。

⑤矶。

矶是指突出水面的湖石，属点状岸型，一般临岸矶多与水栽景相配或有远景因借。位于池中的矶常暗藏喷水龙头，自湖中央溅喷成景，也有用矶做水上亭榭之衬景的。

随着现代园林艺术的发展，水景的表现手法越来越多，它活跃了园林空间，丰富了园林内涵，美化了园林的景致。正是理水手法的多元化，才表达出了园林中水体景观的无穷魅力。

（五）水体设计的驳岸处理

水体设计必须建造驳岸，并根据园林总体设计中规定的平面线形、竖向控制点、水位和流速进行设计。水体驳岸多以常水位为依据，岸顶距离常水位差不宜过大，应兼顾景观、安全与游人近水心理。设计时，应从功能需要出发，确定地形的竖向起伏。例如，划船码头宜平直，游览观赏宜曲折、蜿蜒、临水。此外，还应防止水流冲刷驳岸工程设施。水深应根据原地形和功能要求而定，无栏杆的人工水池、河湖近岸的水深应为 0.5~1.0 m，汀步附近的水深应为 0.3~0.6 m。驳岸的处理主要有以下两种形式。

1. 素土驳岸

岸顶至水底坡度小于 100° 的，应采用植被覆盖；坡度大于 100° 的，应有固土和防冲刷的技术措施。地表径流的排放及驳岸水下部分处理应符合相关标准和要求。

2. 人工砌筑或混凝土浇筑的驳岸

此类驳岸应符合相关规定和要求，如寒冷地区的驳岸基础应设置在冰冻线以下，并考虑水体及驳岸外侧土体解冻后产生的冻胀对驳岸的影响，需要采取的管理措施应在设计文件中注明。驳岸地基基础设计应符合《建筑地基基础设计规范》（GB50007-2002）的规定，采取工程措施加固驳岸，其外形和所用材料的质地、色彩均应与环境协调。

二、园林水景观的设计原则

（一）整体优化原则

景观是一系列生态系统组成的、具有一定结构与功能的整体。在水生植物景观设计时，应把景观作为一个整体单位来思考和管理。除了水面种植水生植物外，还要注重水池、湖塘岸边耐湿乔灌木的配置。尤其要注意落叶树种的栽植，尽量减少水边植物的代谢产物，以达到整体最佳状态，实现优化利用。

（二）多样性原则

景观多样性是描述生态镶嵌式结构的拼块的复杂性、多样性。自然环境的差异会促成植物种类的多样性而实现景观的多样性。景观的多样性还包括垂直空间环境差异而形成的景观镶嵌的复杂程度。这种多样性通常通过不同生物学特性的植物配置来实现，也可通过多种风格的水景园、专类园的营造来实现。

（三）景观个性原则

每个景观都具有与其他景观不同的个性特征，即不同的景观具有不同的结构与功能，这是地域分异客观规律的要求。根据不同的立地条件、不同的周边环境，选用适宜的水生植物，结合瀑布、叠水、喷泉以及游鱼、水鸟、涉禽等动态景观将会呈现各具特色又丰富多彩的水体景观。

（四）遗留地保护原则

遗留地保护原则即保护自然遗留地内的有价值的景观植物，尤其是富有地方特色或具有特定意义的植物，应当充分加以利用和保护。

（五）综合性原则

景观是自然与文化生活系统的载体，景观生态规划需要运用多学科知识，综合多种因素，满足人类各方面的需求。水生植物景观不仅要具有观赏和美化环境的功能，其丰富的种类和用途还可作为科学普及、增长知识的活教材。

三、依水景观的设计

依水景观是园林水景设计中的一个重要组成部分，由于水的特殊性，决定了依水景观的异样性。在探讨依水景观的审美特征时，要充分把握水的特性以及水与依水景观之间的关系。利用水体丰富的变化形式，可以形成各具特色的依水景观，园林小品中，亭、桥、榭、舫等都是依水景观中较好的表现形式。

（一）依水景观的设计形式

1. 水体建亭

水面开阔舒展、明朗流动，有的幽深宁静，有的碧波万顷，情趣各异。为突出不同的景观效果，一般在小水面建亭时，宜低临水面，以便人细察涟漪；而在大水面建亭则宜建在临水高台上，使人可观远山近水。舒展胸怀。

一般临水建亭，有一边临水、多边临水或完全伸入水中以及四周被水环绕等多种形式，在小岛上、湖心台基上、岸边石矶上都是临水建亭之所。在桥上建亭，更使水面景色锦上添花，并增加水面空间层次。

2. 水面设桥

桥是人类跨越山河天堑的技术创造，给人带来生活的进步与交通的方便，自然能引起人的美好联想，有"人间彩虹"的美称。而在中国自然山水园林中，地形变化与水路相隔，非常需要桥来联系交通、沟通景区、组织游览路线，更以其造型优美、形式多样作为园林中重要造景建筑之一。因此，小桥流水成为中国园林及风景绘画的典型景色。在规划设计桥时，桥应与园林道路系统配合；联系游览路线与观景点；注意水面的划分与水路通行与通航，组织景区分隔与联系的关系。

3. 依水修榭

榭是园林中游憩建筑之一，建于水边，《园冶》上记载："榭者，借也。借景而成者也、或水边，或花畔，制亦随态。"这说明榭是一种借助周围景色而见长的园林游憩建筑。其基本特点是临水，尤其着重于借取水面景色。在功能上除应满足游人休息的需要外，还有观景及点缀风景的作用。最常见的水榭形式：在水边筑一平台，在平台周边以低栏杆围绕，在湖岸通向水面处做敞口，在平台上建起一单体建筑，建筑平面通常是长方形，建筑四面开敞通透或四面做落地长窗。

榭与水的结合方式有很多种。从平面上看，有一面临水、两面临水、三面临水以及四面临水等形式，四周临水者以桥与湖岸相连。从剖面上看平台形式，有的是实心土台，水流只在平台四周环绕；而有的平台下部以石梁柱结构支撑，水流可流入部分建筑底部，甚至有的可让水流流入整个建筑底部，形成驾临碧波之上的效果。

（二）临水驳岸形式及其特征

园中水局之成败，除一定的水型外，离不开相应岸型的规划和塑造，协调的岸型可使水局景更好地呈现出水在庭园中的作用和特色，把宽敞水面做得更为舒展。岸型属园林的范畴，多顺其自然。园林驳岸在园林水体边缘与陆地交界处，为稳定岸壁、保护河岸不被冲刷或水淹所设置的构筑物（保岸），必须结合所在景区园林艺术风格、地形地貌、地质条件、水面形成材料特性、种植设计以及施工方法、技术经济要求来选择其建筑结构形式。庭园水局的岸型亦多以模拟自然取胜，我国庭园中的岸型包括洲、岛、堤、矶岸各类形式，不同水型，采取不同的岸型。总之，必须极尽自然，以表达"虽由人作，宛自天开"的效果，使岸型统一于周围景色之中。

（三）水与动植物的关系

水是植物营养丰富的栖息地，它能滋养周围的植物、鱼和其他生物。大多数水塘和水池可以饲养观赏鱼类，而较大的水池则是野禽的避风港。鱼类可以自由地生活在溪流和小河中，但溪水和小河更适合植物的生长。池塘中可以培养出茂盛且风格各异的植物，在小溪中精心培育的植物也可称之为真正的建筑艺术。

第三节　园林植物种植规划设计

园林植物指具有形体美或色彩美，适应当地气候和土壤条件，在园林景观中起到观赏、组景、庇荫、分隔空间、改善和保护环境及工程防护等作用的植物。植物是园林中有生命的要素，使园林充满生机和活力；同时，植物也是园林组成要素中最重要的要素。园林植物的种植设计既要考虑植物本身生长发育的特点，又要考虑植物对环境的营造。也就是说，既要讲究科学性，又要讲究艺术性。

一、园林植物的功能作用

（一）园林植物的观赏作用

园林植物作为园林中一个必不可少的设计要素，本身也是一个独特的观赏对象。园林植物的树形、叶、花、干、根等都具有重要的观赏作用，园林植物的形、色、姿、味也有独特而丰富的景观作用。园林植物群体也是一个独具魅力的观赏对象。大片茂密的树林、平坦而开阔的草坪、成片鲜艳的花卉等都带给人们强烈的视觉冲击。

园林植物种类丰富，按植物的生物学特性分类，有乔木、灌木、花卉、草坪植物等；按植物的观赏特征分类，有观形、观花、观叶、观果、观干、观根等类型。

（二）园林植物的造景作用

园林植物具有很强的造景作用，植物的四季景观，本身的形态、色彩、芳香、习性等都是园林造景的题材。①园林植物可单独作为主景进行造景，充分发挥园林植物的观赏作用。②园林植物可作为园林其他要素的背景，与其他园林要素形成鲜明的对比，突出主景。园林植物与地形、水体、建筑、山石、雕塑等有机配置，将形成优美、雅静的环境，具有很强的艺术效果。③利用园林植物引导视线，形成框景、漏景、夹景；利用园林植物分隔空间，增强空间感，起到组织空间的作用。④利用园林植物阻挡视线，形成障景。⑤利用园林植物加强建筑的装饰，柔化建筑生硬的线条。⑥利用园林植物创造一定的园林意境。中国的传统文化中，就已赋予了植物一定的人格化特征。例如，"松、竹、梅"有"岁寒三友"之称，"梅、兰、竹、菊"有"四君子"之称。

二、园林植物种植设计的基本原则

（一）功能性原则

不同的园林绿地具有不同的性能和功能，园林植物的种植设计必须满足园林绿地性质和功能的要求，并与主题相符，与周围的环境相协调，形成统一的园林景观。例如，街道绿化主要解决街道的遮阴和组织交通问题，起到防止眩光以及美化市容的作用。因此，选择植物以及植物的种植形式要满足这一功能要求。在综合性公园的植物种植设计中，为游人提供各种不同的游憩活动空间，需要设置一定的大草坪等开阔空间，还要有遮阴的乔木，成片的灌木以及密林、疏林等。

园林中除了考虑植物要素外，自然界通常是动物、植物共生共荣构成的生物生态景观。在条件允许的情况下，动物景观的规划，如观鱼游、听鸟鸣、莺歌燕舞、鸟语花香等将为园林景观增色很多。

（二）科学性原则

要因地制宜地满足园林植物的生态要求，做到适地适树，使植物本身的生态习性与栽植点的生态条件统一；还要考虑植物配置效果的发展性和变动性，有合理的种植密度和搭配。合理设置植物的种植密度，应从长远考虑，根据成年树的树冠大小来确定植物的种植距离。要兼顾速生树与慢生树、常绿树与落叶树之间的比例，充分利用不同生态位植物对环境资源需求的差异，正确处理植物群落的组成和结构，重视生物多样性，以保证在一定的时间植物群落之间的稳定性，增强群落的自我调节能力，维持植物群落的平衡与稳定。

（三）艺术性原则

全面考虑植物在形、色、味、声上的效果，突出季相景观。园林植物配置要符合园林布局形式的要求，同时要合理设计园林植物的季相景观。除了考虑园林植物的现时景观外，更要重视园林植物的季相变化及生长的景观效果。园林植物的季相景观变化，能体现园林的时令变化，表现出园林植物特有的艺术效果。例如，春季山花烂漫；夏季荷花映日、石榴花开；秋季硕果满园，层林尽染；冬季梅花傲雪等。首先要处理好不同季相植物之间的搭配，做到四季有景可赏。其次要充分发挥园林植物的观赏特性，注意不同园林植物形态、色彩、香味、姿态及植物群体景观的合理搭配，形成多姿多彩、层次丰富的植物景观。处理好植物与山、水、建筑等其他园林要素之间的关系，从而达到步移景异、时移景异的优美景观。

（四）经济性原则

园林的经济性原则主要是以最少的投入获得最大的生态效益和社会效益。例如，可以保留园林绿地原有的树种，慎重使用大树造景，合理使用珍贵树种，大量使用乡土树种。另外，也要考虑植物种植后的管理和养护费用等。

三、园林植物种植设计的方式与要求

园林植物的种植设计是按照园林绿地总体设计意图，因地制宜、适地适树地选择植物种类。根据景观的需要，采用适当的植物配置形式，完成植物的种植设计，体现植物造景的科学性和艺术性。

园林植物的种植按平面构图可分为自然式、规划式和混合式三种。自然式植物种植以反映自然植物群落之美为目的，花卉布置以花丛、花群为主，树木配置以孤植树、树丛、树林为主，一般不做规则式修剪。规则式的植物种植设计，花卉通常布置成图案花坛、花带、花坛群等，树木配置以行列式和对称式为主，树木都要进行整形修剪。混合式的植物种植设计既有自然式的植物种植设计，也有规划式的植物种植设计。

（一）孤植

孤植是指单株乔木孤立种植的配置方式，主要表现树木的个体美。在配置孤植树时，必须充分考虑孤植树与周围环境的关系，要求体形与其环境相协调，色彩与其环境有一定差异。一般来说，在大草坪、大水面、高地、山冈上布置孤植树，必须选择体量巨大、树冠轮廓丰富的树种，才能与周围大环境取得均衡。同时，这些孤植树的色彩与背景的天空、水面、草地、山林等有差异，形成对比，才能突出孤植树在姿态、体形、色彩上的个体美。在小型的林中草地、较小水面的水滨以及小的院落之中布置孤植树，应选择体量小巧、树形轮廓优美的色叶树种和芳香树种等，使其与周围景观环境相协调。

孤植树可布置在开阔大草坪或林中草地的自然重心处，以形成局部构图中心，并注意与草坪周围的景物取得均衡与呼应；可配置在开阔的江、河、湖畔，以清澈的水色作为背景，使其成为一个景点；亦可配置在自然式园林中的园路或水系的转弯处、假山蹬道口以及园林的局部入口处，做焦点树或诱导树；还可布置在公园铺装广场的边缘或园林建筑附近铺装场地上，用作庭荫树。

孤植树对树种的选择要求较高，一般要求树木形体高大、姿态优美、树冠开张、体形雄浑、枝叶茂盛、生长健壮、寿命较长、不含毒素、没有污染、具有一定的观赏价值。适宜做孤植树的常见树种有香樟、榕树、悬铃木、朴树、雪松、银杏、七叶树、广玉兰、金钱松、油松、桧柏、白皮松、枫香、白桦等。

（二）对植

对植是指两株植物按照一定的轴线关系对称或均衡种植的配置方式。它主要用于强调公园、建筑、道路、广场的入口，用作入口栽植和诱导栽植。对植配置形式有对称式对植、非对称式对植、列植和丛植。

1. 对称式对植

对称式对植即采用同一树种、同一规格的树木依据主体景物的中轴线做对称布置，两树的连线与轴线垂直并被轴线等分，一般选择冠形规整的树种。此形式多运用于规则式种植环境之中。

2. 非对称式对植

非对称式对植即采用种类相同，但大小、姿态不同的树木，以主体景物中轴线为支点取得均衡关系，沿中轴线两侧做非对称布置。其中，稍大的树木离轴线垂直距离较稍小的树木近些，且彼此之间要有呼应，以取得动势集中和左右均衡。可采用株数不同但树种相同的树木，如左侧是一株大树，右侧为同种的两株小树；也可以两侧是相似而不相同的两个树种；还可以两侧是外形相似的两个树丛。此形式多运用于自然式种植环境之中。

3. 列植

列植是指将树木按一定的株行距成行成列地栽植的配置方式。列植形成的景观比较整齐、单纯，列植与道路配合，可构成夹景。列植多运用于规则式种植环境中，如道路、建筑、矩形广场、水池等附近。

列植的树种宜选择树冠体形比较整齐的树种，树冠为圆形、卵圆形、椭圆形、圆锥形等。栽植间距取决于树木成年冠幅大小、苗木规格和园林主要用途，如景观、活动等。一般乔木栽植间距为 3~8 m，灌木栽植间距为 1~5 m。

列植的栽植形式主要有等行等距和等行不等距两种基本形式。可采用单纯列植和混合列植，单纯列植是同一规格的同一树种的简单重复排列，具有强烈的统一感和方向性，但相对单调、呆板。混合列植是用两种或两种以上的树木进行相间排列,形成有节奏的韵律变化。混合列植因树种的不同,会产生不同的色彩、形态、季相等变化,从而丰富植物景观。但是,树种不宜超过三种,否则会显得杂乱无章。

4. 丛植

丛植通常是指由两株到十几株同种或异种树木组合种植的配置方式。将树木成丛地种植在一起,称为丛植。丛植所形成的种植类型就是树丛。树丛的组合主要表现的是树木的群体美,彼此之间既有统一的联系,又有各自的变化,但也必须考虑其统一构图表现出单株的个体美。因此,选择作为组成树丛的单株树木的条件与选孤植树相类似,必须选择在庇荫、姿态、色彩、芳香等方面有特殊观赏价值的树木。树丛可做主景、配景、障景、隔景或背景等。

(三)树丛在组成上有单纯树丛和混交树丛两种类型

1. 两株植物配置

必须既有调和又有对比,两者成为对立统一体,即采用同一树种(或外形十分相似的不同树种)才能使两者统一起来。而在姿态和体形大小上,两树应有差异,才能有对比而生动活泼。因此,两株植物配置必须一俯一仰、一倚一直,但两株树的距离应小于两树树冠直径长度。

2. 三株配置

三株植物配置,树种最好是同为乔木或同为灌木。如果是单纯树丛,树木的大小和姿态要有对比和差异;如果是混交树丛,则单株应避免选择最大的或最小的树形,栽植时三株忌在一直线上,也不宜布置成等边三角形。其中,最大的一株和最小的一株要靠近些,在动势上要有呼应,三株植物呈不等边三角形,如图 2-1 所示。在选择树种时,要避免体量差异太悬殊、姿态对比太强烈而造成构图的不统一。因此,三株配植的树丛最好选择同一树种而体形、姿态不同的进行配植。如果采用两种树种,最好是类似的树种。

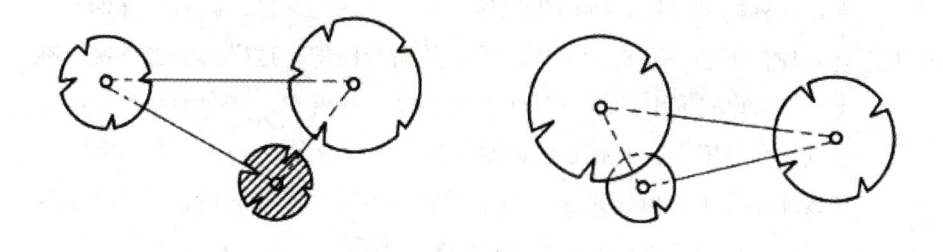

图 2-1　三株植物配置形式

3.四株配置

四株植物配置可以是单一树种，也可以是两种不同的树种。如果是相同的树种，各株树要求在体形、姿态上有所不同。如果是两种不同的树种，其树种的外形最好相似，否则就难以协调。四株植物配置的平面形式有两种类型：一种是不等边四边形，另一种是不等边三角形，形成3∶1或2∶1∶1的组合。四株中最大的一株可在三角形那组内，如图2-2所示。四株植物配植中，其中不能有任何三株成一直线排列。

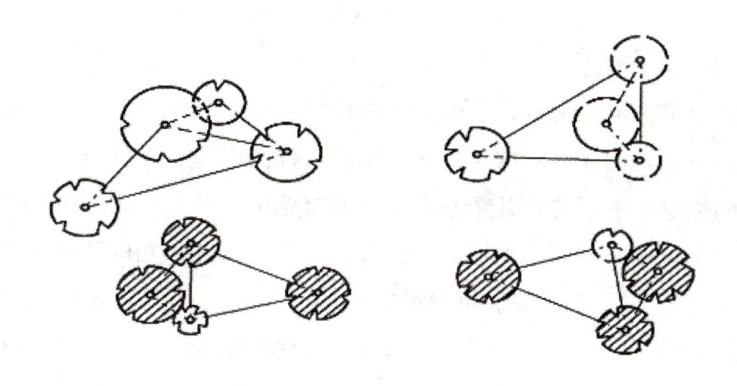

图 2-2　四株植物配置形式

4.五株配置

五株植物的配植可以分为两种形式，这两组的数量可以是3∶2或者是4∶1。在3∶2配植中，要注意最大的一株必须与最小的一株在一组中。在4∶1配植中，要注意单独的一组不能是最大的也不能是最小的，两组的距离不能太远。树种的选择可以是同一树种，也可以是两种或三种的不同树种。如果是两种树种，则一种树为三株，另一种树为两株，而且在体形、大小上要有差异，不能一种树为一株，另一种树为四株，这样易失去均衡。在3∶2或4∶1的配植中，同一树种不能全放在一组中，这样容易产生两个树丛的感觉。在栽植方法上有不等边的三角形、四边形、五边形等，如图2-3所示。在具体布置上，可以是常绿树组成的稳定树丛或常绿树和落叶树组成的半稳定树丛，也可以是落叶树组成的不稳定树丛。

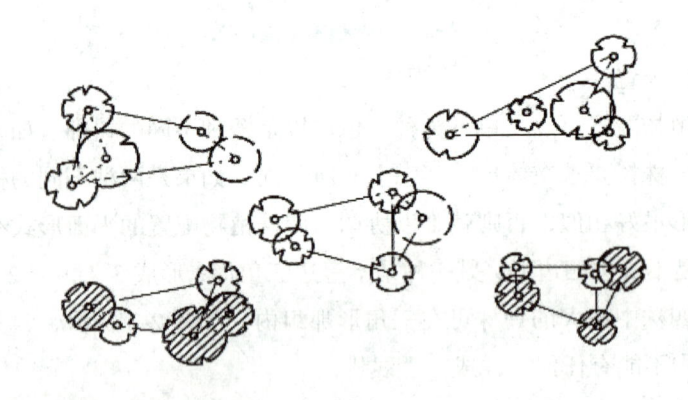

图2-3 五株植物配置形式

5.六株以上配置

六株以上树木的配置，一般是由两株、三株、四株、五株等基本形式交相搭配而成的。例如，两株与四株，则成六株的组合。五株与两株相搭，则为七株的组合。它们均是几个基本形式的复合体。综上所述，株数虽增多，但仍有规律可循。只要基本形式掌握好，七株、八株、九株乃至更多株树木的配合，均可类推。孤植树和两株树丛是基本方式，三株树丛是由一株、两株树丛组成的，四株树丛则是由一株和三株树丛组成的，五株树丛可看成由一株树丛和四株树丛或两株和三株树丛组成的，六株以上树丛则可依次类推。其关键在于调和中有对比，差异中有稳定。株数太多时，树种可增加，但必须注意外形差异不能太大。一般来说，在树丛总株数七株以下时树种不宜超过三种，十五株以下的树种不宜超过五种。[①]

（四）群植

用数量较多的乔灌木（或加上地被植物）配置在一起形成一个整体，称

---

① 高祥斌.园林绿地建植与养护[M].重庆：重庆大学出版社，2014.

为群植。群植所形成的种植类型称为树群。树群的株数一般在20株以上。树群与树丛不仅在规格、颜色、姿态、数量上有差别，而且在表现的内容方面也有差异。树群表现的是整个植物体的群体美，主要观赏它的层次、外缘和林冠等，并且树群的树种选择对单株的要求没有树丛严格。树群可以组织园林空间层次，划分区域；也可以组成主景或配景，起隔离、屏障等作用。

树群的配植因树种的不同，可组成单纯树群或混交树群。树群内的植物栽植距离要有疏密变化，要构成不等边三角形，不能成排、成行、成带地等距离栽植，应注意树群内部植物之间的生态关系和植物的季相变化，使整个树群四季都有变化。树群通常布置在有足够观赏视距的开阔场地上，如靠近林缘的大草坪、宽阔的林中空地、水中的小岛屿、宽广水面的水滨，以及山坡、土丘上等。作为主景的树群，其主要立面的前方至少要有树群高度的4倍、树群宽度的1.5倍的距离，要留出空地，以便游人观赏。

（五）林植

当树群面积、株数都足够大时，它既构成森林景观，又发挥特别的防护功能。这样的大树群称为林植。林植所形成的种植类型，称为树林，又称风景林。它是成片、成块大量栽植乔、灌木的一种园林绿地。

树林按种植密度，可分为密林和疏林；按林种组成，可分为纯林和混合林。密林的郁闭度可达70%~95%。由于密林郁闭度较高，日光透入很少，林下土壤潮湿，地被植物含水量大，质地柔软，经不起践踏，并且容易污染人们的衣裤，故游人一般不便入内游览和活动。而其间修建的道路广场相对要多一些，以便容纳一定的游人，林地道路广场密度为5%~10%。疏林的郁闭度则为40%~60%。纯林树种单一，生长速度一致，形成的林缘线单调平淡；而混交林树种变化多样，形成的林缘线季相变化复杂，绿化效果也较生动。

树林在园林绿地面积较大的风景区中应用较多，多用于大面积公园的安静休息区、风景游览区或休养、疗养区及卫生防护林带等。

（六）篱植

绿篱是耐修剪的灌木或小乔木，以相等的株行距，单行或双行排列而组成的规则绿带，属于密植行列栽植的类型之一。它在园林绿地中的应用很广泛，形式也较多。

绿篱按修剪方式，可分为规则式和自然式。从观赏和实用价值来讲，可分为常绿篱、落叶篱、彩叶篱、花篱、果篱、编篱、蔓绿篱等；按高度，可分为绿篱、高绿篱、中绿篱及矮绿篱。绿篱，高度在人视线高160 cm以上；高绿篱，高度为120~160 cm，人的视线可通过，但不能跳越；中绿篱，高度为50~120 cm；矮绿篱，高度在50 cm以下，人们能够跨越。

篱植在园林中的作用：围护防范，作为园林的界墙；模纹装饰，作为花镜的"镶边"，起构图装饰作用；组织空间，用于功能分区，起组织和分隔空间的作用，还可组织游览路线，起导游作用；充当背景，作为花镜、喷泉、雕塑的背景，丰富景观层次，突出主景；障丑显美，作为绿化屏障，掩蔽不雅观之处；做建筑物的基础栽植、修饰墙脚等。

（七）草本花卉的种植设计

草本花卉可分为一二年生草本花卉和多年生草本花卉。株高一般为10~60 cm。草本花卉表现的是植物的群体美，是最柔美、最艳丽的植物类型。草本花卉适用于布置花坛、花池、花境或做地被植物使用，主要作用是烘托气氛、丰富园林景观。

1. 花坛

花坛是指在具有一定几何轮廓的种植床内，种植各种不同色彩的观花、观叶与观景的园林植物，从而构成富有鲜艳色彩或华丽纹样的装饰图案以供观赏。花坛在园林构图中常作为主景或配景，它具有较高的装饰性和观赏价值。

花坛按形式的不同，可分为独立花坛、组合花坛、花群花坛；依空间位置的不同，可分为平面花坛、斜面花坛、立体花坛；按种植材料的不同，可分为盛花花坛（花丛式花坛）、草皮花坛、木本植物花坛、混合花坛；依花坛功能的不同，可分为观赏花坛、标记花坛、主题花坛、基础花坛、节日花坛等。

花坛设计包括花坛的外形轮廓、花坛高度、边缘处理、花坛内部的纹样、色彩设计以及植物的选择。

花坛设计突出的是图案构图和植物的色彩，要求经常保持整齐的轮廓，因此多选用植株低矮、生长整齐、花期集中、株型紧凑而花色艳丽（或观叶）

的种类。一般还要求便于经常更换及移栽布置，故常选用一二年生花卉。花坛色彩不宜太多，一般以 2~3 种为宜，色彩太多会给人以杂乱无章的感觉。植株的高度与形状对花坛纹样与图案的表现效果有很大影响。花坛的外形轮廓图样要简洁，轮廓要鲜明，形体要有对比才能获得良好的效果。

花坛的体量大小、布置位置都应与周围的环境相协调。花坛过大，观赏和管理都不方便。一般独立花坛的直径都在 8 m 以下，过大时内部要用道路或草地分割构成花坛群。带状花坛的长度不小于 2 m，也不宜超过 4 m，并应在一定的长度内分段。

为了避免游人踩踏装饰花坛，在花坛的边缘应设置边缘石及矮栏杆，也可在花坛边缘种植一圈装饰性植物。边缘石的高度一般为 10~15 cm，最高不超过 30 cm，宽度为 10~15 cm。若花坛的边缘兼做园凳则可增高至 50 cm，具体视花坛大小而定。花坛边缘矮栏杆的设计宜简单，高度不宜超过 40 cm，边缘石与矮栏杆都必须与周围道路和广场的铺装材料相协调。若为木本植物花坛时，矮栏杆可用绿篱代替。

2. 花境

花境也称境界花坛，是指位于地块边缘、种植花卉灌木的一种狭长的自然式园林景观布置形式。它是为模拟林缘地带各种野生花卉交错生长状态而创造的一种植物景观。

花境的平面形状较自由灵活，可以直线布置，如带状花坛，也可以做自由曲线布置，内部植物布置是自然式混交的，花境表现的主题是花卉群体形成的自然景观。

花境可分为单面观赏和双面观赏两大类型。单面观赏的花境，高的植物种植在后面，低矮的种植在前面，宽度一般为 2~4 m，一般布置在道路两侧、草坪的边缘、建筑物四周等，其花卉配置方法可采用单色块镶嵌或各种草花混杂配置。双面观赏的花境，高的植物种植在中间，低矮的种植在两边，中间的花卉高度不能超过游人的视线，可供游人两面观赏，不需设背景。花境一般布置在道路、广场、草地的中央。理想的花境应四季有景可观，同时创造花色层次分明、丰富美观的立面景观。

3. 花池和花台

花池和花台是花坛的特殊种植形式。凡种植花卉的种植槽，高者为台，低者为池。花台距地面较高，面积较小，适合近距离观赏，主要表现观赏植物的形姿、花色，游人可闻其花香并领略花台本身的造型之美。花池可以种植花木或配置假山小品，是中国传统园林最常用的种植形式。

4. 花带

花带将花卉植物呈线性布置，形成带状的彩色花卉线。花带一般布置于道路两侧或草坪中，沿着道路向绿地内侧排列，形成层次丰富的多条色彩效果。

（八）水生植物的种植设计

水生花卉是指生长在水中、沼泽地或潮湿土壤中的观赏植物。它包括草本植物和水生植物。从狭义的角度讲，水生植物是指沼生、水生并具有一定观赏价值的植物。

水生植物不仅是营造水体景观不可或缺的要素，而且在人工湿地废水净化过程中起着重要的作用。水生植物设计时，要根据植物的生态习性，创造一定的水面植物景观，并依据水体大小和周围环境考虑植物的种类和配置方式。若水体小，可用同种植物；若水体大，可用几种植物。但应主次分明，布局时应疏密有致，不宜过分集中、分散。水生植物在水中不宜满池布置或环水体一圈设计，应留出一定的水面空间，保证1/3的绿化面积即可。水生植物的种植深度一般在1 m左右，可在水中设种植床、池、缸等，满足植物的种植深度。

（九）攀缘植物的种植设计

攀缘植物指茎干柔弱纤细，自己不能直立向上生长，必须以某种特殊方式攀附于其他植物或物体之上才能正常生长的一类植物。攀缘植物有一二年生的草质藤本，也可多年生的木质藤本；有落叶类型，也有常绿类型。

攀缘植物种植设计又称垂直绿化，可形成丰富的立体景观。在城市绿化和园林建设中，广泛地应用攀缘植物来装饰街道、林荫道以及挡土墙、围墙、台阶、出入口、灯柱、建筑物墙面、阳台、窗台灯、亭子、花架、游廊等。

（十）地被植物的设计

地被植物是指生长的低矮紧密、繁殖力强、覆盖迅速的一类植物，它包括蕨类、球根、宿根花卉、矮生灌木及攀缘植物。

地被植物的主要作用是覆盖地表，起到黄土不见天的作用。园林中，地被植物的应用应注重其色彩、质感、紧密程度以及同其他植物的协调性。

草坪是地被植物中应用最为广泛的一类。其主要的功能是为园林绿地提供一个有生命力的底色，因草坪低矮、空旷、统一，能同植物及其他园林要素较好地结合，因而草坪的应用较为广泛。

草坪的设计类型及应用多种多样。草坪按功能不同，可分为观赏草坪、游憩草坪、体育草坪、护坡草坪、飞机场草坪及放牧草坪；按组成的不同，可分为单一草坪、混合草坪和缀花草坪；按规划设计的形式不同，可分为规则式草坪和自然式草坪。

四、乔木种植注意事项

乔木种植设计时，因乔木分枝点高，不占用人的活动空间，距路面（铺装地）0.5 m 以上即可；也可种于场地中间，土层厚度 1 m 以上。灌木形体小，分枝点低，会占用人的活动空间，种植时应距铺装路面 1 m 以上。

第四节　园林建筑与小品规划设计

园林建筑是指在园林绿地中具有造景功能，同时能供观赏、游览、休息的各类建筑物和构筑物的通称。园林建筑小品指经过设计者艺术加工处理的，体量小巧、类型多样、内容丰富多彩的，具有独特的观赏和使用功能的小型建筑设施和园林环境艺术景观。

在园林设计中，园林建筑与小品比起山、水、植物较少受到条件的制约，人工的成分最多，是造园的四个主要要素中运用最为灵活的要素，在园林设计中占有十分重要的地位。随着工程技术、材料科学的发展和人类审美观念的提升，又赋予了园林建筑与小品新的意义，其形式也越来越复杂多样。园林建筑与小品的多样性、时代性、区域性、艺术性，也给园林建筑与小品的设计赋予了新的使命。

一、园林建筑与小品的类型和特点

（一）园林建筑与小品的类型

按园林建筑与小品的使用功能来进行分类，园林建筑与小品大致可分为以下五种类型。

1. 服务性建筑与小品

服务性建筑与小品其使用功能主要是为游人提供一定的服务，兼有一定的观赏作用，如摄影、服务部、冷饮室、小卖部、茶馆、餐厅、公用电话亭、栏杆、厕所等。

2. 休息性建筑与小品

休息性建筑与小品也称游憩性建筑与小品，具有较强的公共游憩功能和观赏作用，如亭、台、楼、榭、舫、馆、塔、花架、园椅等。

3. 专用建筑与小品

专用建筑与小品主要是指使用功能较为单一、为满足某些功能而专门设计的建筑和小品，如展览馆、陈列室、博物馆、仓库等。

4. 装饰性建筑与小品

装饰性建筑与小品主要是指具有一定使用功能和装饰作用的小型建筑设施，其类型较多。例如，各种花钵、饰瓶、装饰性的日晷、香炉、景墙、景窗，以及结合各类照明的小品，在园林中起到装饰点缀的作用。

5. 展示性建筑与小品

展示性建筑与小品包括各种广告板、导游图板、指路标牌，以及动物园、植物园和文物古建筑的说明牌、阅报栏、图片画廊等，对游人有宣传、教育的作用。

（二）园林建筑与小品的特点

1. 园林建筑的特点

园林建筑只是建筑中的一个分支，同其他建筑一样都是为了满足某些物质和精神的功能需要而构造的。但园林建筑在物质和精神功能方面与其他的建筑不一样，主要表现出以下三个特点。

（1）特殊的功能性。

园林建筑主要是为了满足人们的休憩和文化娱乐生活，除了具有一定的使用功能外，更需具备一定的观赏性功能。因此，对园林建筑的艺术性要求较高，应具有较高的观赏价值并富有诗情画意。

（2）设计灵活性大。

园林建筑因受到休憩娱乐生活的多样性和观赏性的影响，在设计时，受约束的强度小。园林建筑从数量、体量、布局地点、材料、颜色等都应具有较强的自由度，使设计的灵活性增强。

（3）园林建筑的风格要与园林的环境相协调。

园林建筑是建筑与园林有机结合的产物。在园林中，园林建筑并不是孤立存在的，而是需要与山、水、植物等有机结合，相互协调，共同构成一个具有观赏性的景观。

2.园林建筑小品的特点

（1）具有较强的艺术性和较高的观赏价值。

园林建筑小品具有艺术化、景致化的作用，在园林景观中具有较强的装饰性，增添了园林气氛。

（2）表现形式与内容灵活多样，丰富多彩。

园林建筑小品是经过精心加工、艺术处理的。其结构和表现形式多种多样，外形变化大，景观艺术丰富多彩。在园林中，园林建筑小品能起到画龙点睛和吸引游人视线的作用。

（3）造型简洁、典雅、新颖。

园林建筑小品形体小巧玲珑，形式活泼多样，姿态千差万别，且现代科学技术水平的提高，使得建筑小品的造型及特点越来越多。园林建筑小品造型上要充分考虑与周围环境的特异性，要富有情趣。

二、园林建筑与小品的功能和作用

（一）园林建筑与小品的使用功能

园林建筑与小品是供人们使用的设施，具有使用功能，如休憩、遮风避雨、饮食、体育、文化活动等。

（二）园林建筑与小品的景观功能

园林建筑与小品在园林绿地中作为景观，起着重要的作用，可作为园林的构图中心，即主景，起到点景的作用，如亭、水榭等；可作为点缀，烘托园林主景，起配景或辅助作用，如栏杆、灯等；园林建筑还可分隔、围合或组织空间，将园林划分为若干空间层次；园林建筑也可起到导与引的作用，有序组织游人对景物的观赏。

三、园林建筑与小品的设计原则

园林建筑与小品的艺术布局内容广泛，在设计时应与其他要素结合，根据绿地的要求设计出不同特色的景点，注意造型、色彩、形式等的变化。在具体设计时，应注意遵循以下原则。

（一）满足使用功能的需要

园林建筑与小品的功能是多种多样的，它可以满足游人浏览时的一些需求，缺少了它们将会给游人带来很多不方便。常见的园林建筑有小卖部、园椅桌、厕所等。

（二）注重造型与色彩，满足造景需要

园林建筑与小品设计时灵活多变，不拘泥于特定的框架，首先可根据需要来自由发挥、灵活布局。其布局位置、色彩、造型、体量、比例、质感等均应符合景观的需要，注重园林建筑与小品的造型和色彩，增强建筑与小品本身的美观度和艺术性。其次也能利用建筑与小品来组织空间、组织画面，丰富层次，以达到良好的效果。

（三）注重园林建筑与小品的立意与布局，与绿地艺术形式相协调

园林绿地艺术布局的形式各不相同，园林建筑与小品应与其相协调，做到情景交融。要与各个国家、各个地区的历史、文化等相结合，表达一定的意境和情趣。例如，主题雕塑要具有一定的思想内涵，注重情景交融，表现较强的艺术感染力。

（四）注重空间的处理，讲究空间渗透与层次

园林建筑与小品虽然体量小、结构简单，但园林建筑小品中的墙、花架、园桥等在划分空间、空间渗透以及水面空间的处理上具有一定的作用。因此，也要注重园林建筑小品所起的空间作用，讲究空间的序列变化。

四、园林建筑与小品设计

（一）亭

亭是园林中应用较为广泛的园林建筑，已成为我国园林的象征。亭可点缀园林景色，构成景观；可作为游人休息凭眺之所，可防日晒、避雨淋、消暑纳凉，使游人畅览园林景致，深受游人的喜爱。[①]

1. 亭的形式

亭的形式很多，按平面形式，可分为圆形亭、长方形亭、三角形亭、四角形亭、六角形亭、八角形亭、蘑菇亭、伞亭、扇形亭；按屋顶形式，可分为单檐、重檐、三重檐、攒尖顶、歇山顶、平顶；按布置位置，可分山亭、桥亭、半亭、路亭；按其组合不同，可分为单体式、组合式和与廊墙相结合的形式。现代园林多用水泥、钢木等多种材料，制成仿竹、仿松木的亭；有些山地或名胜地，用当地随手可得的树干、树皮、条石构亭，亲切自然，与环境融为一体，更具地方特色，具有很好的效果。

2. 亭的设计

亭在园林中常作为对景、借景、点缀风景用，也是人们游览、休息、赏景的最佳处。它主要是为了解决人们在游赏活动的过程中驻足休息、纳凉避雨、纵目眺望的需要，在使用功能上没有严格的要求。

亭在园林布局中，其位置的选择极其灵活，不受格局所限，可独立设置，也可依附于其他建筑物而组成群体，更可结合山石、水体、大树等，得其天然之趣，充分利用各种奇特的地形基址创造出优美的园林意境。

（1）山上建亭。

山上建亭丰富了山体轮廓，使山色更有生气。常选择的位置有山巅、山腰台地、悬崖峭峰、山坡侧旁、山洞洞口、山谷溪涧等处。亭与山的结合可

---

① 葛静. 中国园林构成要素分析 [M]. 天津：天津科学技术出版社，2018.

以共筑成景，成为一种山景的标志。亭立于山顶可升高视点俯瞰山下景色，如北京香山公园的香炉峰上的重阳阁方亭。亭建于山坡可做背景，如颐和园万寿山前坡佛香阁两侧有各种亭对称布置，甚为壮观。山中置亭有幽静深邃的意境，如北京植物园内拙山亭。山上建亭有的是为了与山下的建筑取得呼应，共同形成更美的空间。只要选址得当、形体合宜，山与亭相结合能形成特有的景观。颐和园和承德避暑山庄全园大约有 1/3 数量的亭子建在山上，取得了很好的效果。

（2）临水建亭。

水边设亭，一方面是为了观赏水面的景色，另一方面也可丰富水景效果。临水的岸边、水边石矶、水中小岛、桥梁之上等都可设亭。

水面设亭一般应尽量贴近水面，宜低不宜高，可三面或四面临水。凸出水中或完全驾临于水面之上的亭，也常立基于岛、半岛或水中石台之上，以堤、桥与岸相连。为了营造亭子有漂浮于水面的感觉，设计时还应尽可能地把亭子下部的柱墩缩到挑出的底板边缘的后面或选用天然的石料包住混凝土柱墩，并在亭边的沿岸和水中散置叠石，以增添自然情趣。

水面设亭体量上的大小主要由它所面对的水面大小而定。位于开阔湖面的亭子尺度一般较大，有时为了强调一定的气势和满足园林规划的需要，还把几个亭子组织起来，成为一组亭子组群，形成层次丰富、体形变化的建筑形象，给人以强烈的印象。

（3）平地建亭。

平地建亭，位置随意，一般建于道路的交叉口上、路侧林荫之间。有的被一片花木山石所环绕，形成一个小的私密性空间环境；有的在自然风景区的路旁或路中筑亭作为进入主要景区的标志，充分发挥休息、纳凉和游览的作用。

3. 亭与植物结合

亭与园林植物结合通常能产生较好的效果。亭旁种植植物应有疏有密、精心配置，不可壅塞，要有一定的欣赏、活动空间。山顶植树更需留出从亭往外看的视线。

4. 亭与建筑的结合

亭可与建筑相连，亭也可与建筑分离，作为一个独立的单体存在。可把亭置于建筑群的一角，使建筑组合更加活泼生动。亭还经常设立于密林深处、庭院一角、花间林中、草坪中、园路中间以及园路侧旁等平坦处。

（二）廊

廊是有顶盖的游览通道。廊具有联系功能，将园林中各景区、景点连成有序的整体；廊可分隔并围合空间，调节游园路线；廊还有防雨淋、躲避日晒的作用，形成休憩、赏景的佳境廊。

1. 廊的形式

根据立面造型，廊可分为空廊（双面空廊）、半廊（单面空廊）、复廊、双层廊（又称复道阁廊）等；根据平面形式，可分为直廊、曲廊（波折廊）和回廊；根据位置的不同，可分为平地廊、爬山廊和水廊。

2. 廊的设计

在园林的平地、水边、山坡等各种不同的地段上都可建廊。不同的地形与环境，其作用及要求也各不相同。

（1）平地建廊。

平地建廊时，常建于草坪一角、休息广场中、大门出入口附近，也可沿园路或用来覆盖园路或与建筑相连等。

（2）水边或水上建廊。

水边或水上建廊一般称为水廊，供欣赏水景及联系水上建筑之用，形成以水景为主的空间。

（3）山地建廊。

山地建廊供游山观景和联系山坡上下不同标高的建筑物之用，也可借以丰富山地建筑的空间构图。爬山廊有的位于山之斜坡，有的依山势蜿蜒转折而上。

（三）榭

榭是园林中游憩建筑之一，建于水边，故也称"水榭"。榭一般借助周围景色而构成，面山对水，有观景和休息的作用。

1. 榭的形式

榭的结构依照自然环境的不同有各种形式。它的基本形式是在水边架起一个平台，平台一半伸入水中（将基部石梁柱伸入水中，上部建筑形体轻巧，似凌驾于水上），一半架立于岸边，平面四周以低平的栏杆相围绕，然后在平台上建起一个单体建筑物，其临水一侧特别开敞，成为人们在水边的一个重要休息场所。例如，苏州拙政园的"芙蓉榭"，网师园的"濯缨水阁"等。榭与水体的结合方式有多种，有一面临水、两面临水、三面临水以及四面临水（有桥与湖岸相接）等形式。

2. 榭的设计

水榭位置宜选择在水面有景可借之处，同时要考虑对景、借景的安排，建筑及平台尽量低临水面。如果建筑或地面离水面较高时，可将地面或平台做下沉处理，以取得低临水面的效果。榭的建筑要开朗、明快，视线要开阔。

（四）舫

舫是建于水边的船形建筑，主要供人们在内游玩饮宴、观赏水景。舫一般由三部分组成：前舱较高，设坐槛、椅靠；中舱略低，筑矮墙；尾舱最高，多为两层，以做远眺，内有梯直上。舫的前半部多三面临水，船首一侧常设有平桥与岸相连，仿"跳板"之意。通常下部船体用石建，上部船舱则多采用木结构。由于舫像船但不能动，故也名"不系舟"，也称"旱船"。例如，苏州拙政园的"香洲"、怡园的"画舫斋"、北京颐和园的石舫等都是较好的实例。

舫的选址宜在水面开阔处，既可使视野开阔，又可使舫的造型较完整地呈现出来；并应注意水面的清洁，避免设在容易积污垢的水区。

（五）花架

花架是攀缘植物攀爬的棚架，又是人们消夏、避荫的场所。花架的形式主要有单片花架、独立花架、直廊式花架、组合式花架。

花架在造园设计中通常具有亭、廊的作用。做长线布置时，就像游廊一样能发挥建筑空间的脉络作用，形成导游路线。同时，可用来划分空间，增加风景的深度。做点状布置时，就像亭子一样，形成观赏点。

在花架设计的过程中，应注意环境与土壤条件，使其适应植物的生长要求。要考虑到没有植物的情况下，花架也具有良好的景观效果。

（六）园门、园窗、园墙

1. 园门

园门有指示导游和点缀装饰的作用，园门形态各异，有圆形、六角形、八角形、横长、直长、桃形、瓶形等形状。如在分隔景区的院墙上，常用简洁而直径较大的圆洞门或八角形洞门，便于人流通行；在廊及小庭院等小空间处所设置的园门，多采用较小的秋叶瓶、直长等小巧玲珑的形式，同时门后常置以峰石、芭蕉、翠竹等构成优美的园林框景或对景。

2. 园窗

园窗一般有空窗和漏窗两种形式。空窗是指不装窗扇的窗洞，它除能采光外，常作为框景，与园门景观设计相似，其后常设置石峰、竹丛、芭蕉之类。通过空窗，形成一幅幅绝妙的图画，使游人在游赏中不断获得新的画面感受。空窗还有使空间相互渗透、增加景深的作用。它的形式有很多，如长方形、六角形、瓶形、圆形、扇形等。

漏窗可用以分隔景区空间，使空间似隔非隔、景物若隐若现，营造虚中有实、实中有虚、隔而不断的艺术效果。漏窗窗框形式繁多，有长方形、圆形、六角形、八角形、扇形等。

3. 园墙

园墙在园林建筑中一般是指围墙和屏壁（照壁），也称景墙。它们主要用于分隔空间、丰富景致层次及控制、引导游览路线等，是空间构图的一项重要手段。园墙的形式很多，如云墙、梯形墙、白粉墙、水花墙、漏明墙、虎皮石墙等。景墙也可做背景，景墙的色彩、质感既要有对比，又要协调；既要醒目，又要调和。

（七）雕塑

雕塑是指具有观赏性的小品雕塑，主要以观赏和装饰为主。它不同于一般的大型纪念性雕塑。园林绿地中的雕塑有助于表现园林主题、点缀装饰风景、丰富游览内容。

1. 雕塑类型

雕塑按性质的不同，可分为以下几种类型纪念性雕塑，多布置在纪念性园林绿地中；主题性雕塑，有明确的创作主题，多布置在一般园林绿地中；

装饰性雕塑，以动植物或山石为素材，多布置在一般园林绿地中。按照形象的不同，可分为人物雕塑、动物雕塑、抽象雕塑、场景雕塑等。

2. 雕塑的设计

雕塑一般设立在园林主轴线上或风景透视线的范围内，也可将雕塑建立于广场、草坪、桥畔、山麓、堤坝旁等。雕塑既可孤立设置，也可与水池、喷泉等搭配。有时，雕塑后方可密植常绿树丛作为衬托，则更使所塑形象特点鲜明突出。

园林雕塑的设计和取材应与园林建筑环境相协调，要有统一的构思，使雕塑成为园林环境中一个有机的组成部分。雕塑的平面位置、体量大小、色彩、质感等方面都要进行全面的考虑。

（八）园桥

园桥是园林风景景观的一个重要组成部分。它具有三重作用：一是悬空的道路起组织游览线路和交通的功能，并可交换游人景观的视觉角度；二是凌空的建筑可点缀水景，且其本身就是园林一景，可供游人赏景、游憩；三是可分隔水面，增加水景层次。

1. 园桥的种类

园桥因构筑材料不同，可分为石桥、木桥、钢筋混凝土桥等；根据结构不同，又有梁式与拱式、单跨与多跨之分，其中拱桥又有单曲拱桥和双曲拱桥两种；按形式的不同，可分为贴临水面的平桥、起伏带孔的拱桥、曲折变化的曲桥，以及桥上架屋的亭桥、廊桥等。

2. 园桥的设计

园桥的设计要注意以下几点。①桥的造型、体量应与园林环境、水体大小相协调。②桥与岸相接处要处理得当，以免生硬呆板。③桥应与园林道路系统配合，以起到联系游览线路和观景的作用。

（九）园椅、园桌、园凳

园椅、园凳可供人休息、赏景之用。同时，这些桌椅本身的艺术造型也能装点园林景色。园椅一般布置在人流较多、景色优美的地方，如树荫下、水池、路旁、广场、花坛等游人需停留休息的地方。有时还可设置园桌，供游人休息娱乐用。

园椅、园凳设计时，应尽量做到构造简单、坚固舒适、造型美观，易清洁，耐日晒雨淋，其图案、色彩、风格要与环境相协调。常见形式有直线长方形、方形、曲线环形、圆形、直线加曲线以及仿生与模拟形等。此外，还有多边形或组合形，也可与花台、园灯、假山等结合布置。

园椅、园凳的设计，应注意以下五个方面的问题。一是应结合游人体力、行程距离或经一定高程的升高，在适当的位置设休息椅。二是根据园林景致布局的需要，设园凳以点缀环境。如在风景优美的一隅、林间花畔、水边、崖旁、各种活动场所周围、小广场周围、出入口等处设园椅。三是园路两旁设园椅宜交错布置，不宜正面相对，可将视线错开。四是路旁设园椅，不宜紧贴路边，需退出一定的距离，也可构成袋形地段，以种植物做适当隔离，形成安静环境。路旁拐弯处设园椅时，要辟出小空间，可缓冲人流。五是规则式广场园椅设置宜周边布置，有利于形成中心景物及人流通畅。不规则式广场园椅可依广场形状、人流路线设置。

（十）园灯

园灯既有照明功能又有点缀园林环境的功能。园灯一般宜设在出入口、广场、交通要道、园路两侧、台阶、桥梁、建筑物周围、水景、喷泉、水池、雕塑、花坛、草坪边缘等。园灯的造型不宜复杂，切忌施加烦琐的装饰，通常以简单的对称式为主。

（十一）栏杆

栏杆是由外形美观的短柱和图案花纹，按一定间隔（距离）排成栅栏状的构筑物。栏杆在园林中主要起防护、分隔作用，同时利用其节奏感，发挥装饰园景的作用。有的台地栏杆可做成坐凳形式，既可起到防护作用，又可供游人休息。

栏杆的造型需与环境协调，在雄伟的建筑环境内，需配坚实而具庄重感的栏杆；在花坛边缘或园路边可配灵活轻巧、生动活泼的修饰性栏杆。栏杆的高度随环境和功能要求的不同而变化。设在台阶、坡地的一般防护栏杆高度可为 85~95 cm；但在悬崖峭壁的防护栏杆，高度应在人的重心以上，为 1.1~1.2 m；广场花坛旁的栏杆不宜超过 30 cm；设在水边、坡地的栏杆，高度为 60~85 cm；坐凳式栏杆凳的高度以 40~45 cm 为宜。

（十二）宣传牌、宣传廊

宣传廊、宣传牌主要用于展览和宣传。它具有形式灵活多样、体型轻巧玲珑、占地少以及造价低廉和美化环境等特点，适用于各类园林绿地的布置。

宣传廊、宣传牌一般设置在游人停留较多之处，但又不可妨碍行人来往，故需设在人流路线之外，廊、牌前应留有一定空地，作为观众参观展品的空间。它们可与挡土墙、围墙结合或与花坛、花台相结合。宣传廊、宣传牌的高度多为 2.2~2.4 m，其上下边线宜为 1.2~2.2 m。

（十三）其他公用类建筑设施

其他公用类建筑设施主要包括电话、通信、导游、路标、停车场、存车处、供电及照明、供水及排水设施，以及标志物、果皮箱、饮水站、厕所等。

第三章　园林景观设计内容

第一节　设计原则与步骤

一、园林景观设计原则

（一）自然性原则

公园设计最基本的是自然绿地占有一定面积的环境，因此实现自然环境要依靠设计的自然性原则。自然环境以植物绿地、自然山水、自然地理位置为主要特征，但也包含人工仿自然而造的景观，如人工湖、山坡、瀑布流水、小树林等。人工景色的打造尤其需要与自然贴近、与自然融合。

遵守自然性原则首先要对开发公园的现场做合理的规划，尽可能保留原有的自然地形与地貌，保护自然生态环境，减少人为的破坏行为。对自然现状加以梳理、整合，通过锦上添花的处理让自然显现得更加美丽。

遵守自然性原则要处理好自然与人工的和谐问题。比如，在环境的局部不协调处进行植物遮挡处理；在生硬的人工物体周围可以用栽植自然植物的方法减弱和衬托，尽可能使环境柔和，让公园体现出独特的自然性。

同时，尽可能采用与自然环境相协调的材料，如木材、石材等，使公园环境更加自然化。

（二）人性化原则

公园环境是公共游乐环境，是面向广大市民开放的，是供广大市民使用的公共空间环境。公园内的便利服务设施有标志、路牌、路灯、座椅、饮水器、垃圾箱、公厕等。必须根据实地情况，遵循"以人为本"的设计原则，合理化配置。

人性化的设计可以体现在方方面面，应始终围绕不同人群的使用进行思考和设计，使人性化设计落实到每一个细小之处。比如，露天座椅配置在落叶树下，冬天光照好，夏天可以遮阴。再如，步道两侧的树荫、台阶的高度、坡度以及地面的平滑程度都是应该关注的方面。

（三）安全性原则

公园环境的公共性意味着众多人群的使用，那么安全问题就很重要。公共设施的结构、制作是否科学合理，使用的材料是否安全等都是设计师应该注意的。特别是大型游具、运动器材的安装应牢固，应定期检查更换消耗磨损的零件，严格遵守安全设计原则以避免造成事故。车道与步道要合理布局，湖边或深水处应设置警告提示牌或安装护栏等，以避免一切可能发生的危险。植物栽植要避免有毒植物，如夹竹桃等。儿童游乐园的地面铺装是否安全、游戏器材的周边有无安全设施等都需要仔细思考和设计，把事故概率降低到零的设计才是落实安全性原则的根本。

二、风景园林设计步骤

公园设计是一个大概念设计，不同类型的公园，设计有所不同。这里对主题公园的一般性设计程序做一个简单的介绍，仅供参考。

无论设计什么类型的公园，必须做到设计目的明确、功能要求清楚、设计科学合理。设计前首先要有正确的设计理念，有整体的设计思考，而这个设计思考建立在设计前调查的基础之上。

（一）调查收集资料

设计前的调查十分重要，它是设计的依据，设计中要不停地考虑调查的设计因素，一般包括以下内容。

1. 实地调查

实地调查包括对地势环境、自然环境、植物环境、建筑环境、周边环境等进行调查，对现场哪些是该保留的部分、哪些是要遮挡的部分等进行初步认定和大致设想。同时，进行测量、拍照，做现场草图的关键记录。

2. 收集资料，信息交流

收集资料包括了解地方特色、传统文脉、地方文化、历史资料等，使设计者对综合资料信息有个明确的认知。

3. 根据调查，分析定位

在资料收集后进行各种分析，与投资方交流磋商、求得共识之后进行设计定位，确定公园的主题内容。

（二）构思构图概念性设计

设计定位后，在调查的基础上开始整体规划，在公园总平面图上对公园面积空间进行初步合理的布局和划分，勾画草图设计第一稿。

1. 功能区域的规划分析图

功能区域的规划分析图包括公园内功能区域的合理划分和大致分布，以及整体规划设计草图。围绕公园内的主题，对中心活动区域、休息区域、观赏区域、花园绿地、山石水景、车道步道等进行大致规划设计并做分析图。

2. 景观建筑分布规划图

景观建筑分布规划图包括桥、廊、亭、架等的面积、大小、位置的平面布局。构思平面的同时，设计出大体建筑造型。

3. 植物绿地的配置

凡公园都少不了植物绿地。植物绿地的面积划分、布局以及关键处的植物类型的指定，在规划时都要大致有个整体配置草图，可以体现植物绿化面积在公园中所占的比例，突出自然风景。

4. 设计说明

设计说明是描述解决问题的方法、如何执行设计理念的过程，如何体现方案的优越性，充分展现出设计中的精彩处，体现出设计的科学规划与合理的设计布局，总结设计构思、创意、表现过程，突出公园设计主题以及功能等要素，阐明公园设计的必要性。

（三）设计制作正式图纸

总规划方案基本通过和认可后，进行方案的修改、细化、具体和深入设计。

1. 总规划图的细化设计

一般图纸比例尺在1：100、1：200以下制图为宜，比例尺太大无法细化。图纸的准确性是实现设计的唯一途径，细化图纸是在严格的尺寸下进行的，否则设计方案无法得以实现。

2. 局部图的具体设计

平面图中不能完全表现设计意图时，往往需要画局部详细图加以说明。局部详细图是在原图纸中再次局部放大进行制作的，目的是更加清晰明确地表现设计中的细小部分。

3. 立面图、剖面图、效果图的制作与设计

平面图只能表现设计的平面布局，而公园设计是三维空间的设计，长、宽、高以及深度的尺寸必须靠正投影的方式画出不同角度的正视、左右侧视、后视的立面图。因此，在平面图的基础上拉进高度，制作立面图。

设计中要对一些特殊的情况加以说明时，就需要制作剖面图。比如，高低层面不同，阶层材质不同，上下层关系、植物高低层面的配置等都需要借助剖面图来表达和说明。

效果图表现立体空间的透视效果，可根据设计者的设计意图选择透视角度。如果想实现实地观看的视觉感，则以人的视觉角度用一点或两点透视来画效果图。如果想表现较大、较完整的设计场面，一般采用鸟瞰效果图画法。

4. 材料使用一览表

无论使用什么材料都必须做一个统计，需要有一个材料使用一览表。在有预算的情况下，还必须考虑到使用材料的价格问题，合理地使用经费。

材料使用一览表一般要与平面图纸配套，平面图上的图形符号与表中的图形符号必须相一致，这样可以清晰地看到符号代表哪些材料以及该材料的使用情况，统计使用的材料可通过材料使用一览表的内容做预算。

材料使用一览表可分类制作，如植物使用一览表、园林材料使用一览表、公共设施使用一览表等，也可以混合在一起制作。

（四）设计制作施工图纸

设计正式方案通过后，一旦确定施工，图纸一般要做放样处理，变成施工图纸。施工图纸的功能就是让设计方案得到具体实施。

1. 放样设计

图纸放样一般用 3 m×3 m 或 5 m×5 m 的方格进行放样。可根据实际情况来定，根据图形和实地面积的复杂与简单程度来定方格大小、位置。小面积设计、参照物又很明确的图纸则无须打格放样，有尺寸图即可。放样设计没有固定的标准格式，主要以便于指导施工现场定点放样、方便施工为准。

2. 施工图纸的具体化设计

施工图内容包括很多，如河床、阶梯、花坛、墙体、桥体、道路铺装等的制作方法，还有公共设施的安装基础图样、植物的栽植要求等。

3. 公共设施配置图

在调查的基础上合理预测使用人数，配置合理的公共设施是人性化设计的具体体现，如垃圾箱放置在什么地方利用率高、使用方便；路灯高度与灯距的设置距离多长才是最经济、最实用的。这都是围绕人使用方便的角度去考虑的。我们应该尊重客观事实，合理配置，并将配置位置按照实际比例画在平面图上。

公共设施除专门设计外也可以选择各厂家的样本材料进行挑选。选择样品时要注意与设计公园环境的统一性，切忌同一功能设施选用不同样式的造型设施。选用的样品必须在公共设施配置图后附上，并在平面图上用统一符号表示。这样公共设施配置图一目了然，施工位置就很明确。

（五）绘图表现

近几年来，在现代计算机绘图热中，传统的手绘方式仍得以被保留自然有其道理，但电脑制图与手绘各有长短，我们应该学会扬长避短，发挥两种方式各自的优势。在这里，我们简单地比较一下电脑制图与手绘的优劣。

其一，计算机制图必须在严密的数据之下操作。短时间内制作效果图的话，计算机制图一般不如手绘快。

其二，手绘图纸在设计思考中徒手而出，利于构思、构图、出效果。

其三，手绘图纸有亲切感、柔和。手绘图纸特别擅长表达曲线、柔和的物体，表现要比计算机更自然。虽然计算机图形很真实，但角度的调整、树姿的多变等方面与手绘相比起来比较生硬。手绘的画面可以用艺术手法强调或减弱想要表现的内容。

其四，在画局部小景观时手绘要方便得多，但计算机在绘制大型景观规划时比较有优势，尤其是需要反复修改的图纸，比手绘方便，并且利于保管。

其五，手绘效果图常常在与甲方洽谈中就可以勾勒出草图来，可随时与甲方沟通决定最初方案。

不管使用什么方式作图，只要设计出精彩动人的效果图，就能打动人的心灵，像艺术作品一样被人们采纳、欣赏。

第二节　景观设计类型

一、城市公共空间景观

城市公共空间是指城市或城市群中，在建筑实体之间存在着的开放空间体，是城市居民日常生活和社会生活公共使用的室外空间，是居民举行各种活动的开放性场所。它包括广场、公园、街道、居住区户外场地、公园、体育场地、滨水空间、游园、商业步行街等。目前，景观设计场地大部分都是城市内公共空间的场地景观设计。

二、自然保护区景观

自然保护区景观实质就是自然保护区的自然景观与人文景观相结合的复合型景观。比如，代表性的自然生态系统、珍稀濒危野生动植物物种的天然集中分布区，以及有特殊意义的自然遗迹等保护对象所在的陆地、陆地水体或者海域等。

自然保护区也常是风光绮丽的天然风景区，如具有特殊保护价值的地质剖面、化石产地或冰川遗迹、岩溶、瀑布、温泉、火山口以及陨石的所在地等。

三、风景名胜区景观

风景名胜区是指具有观赏、文化或者科学价值，自然景观、人文景观比较集中，环境优美，可供人们游览或者进行科学、文化活动的区域。

风景名胜包括具有观赏、文化或科学价值的山河、湖海、地貌、森林、动植物、化石、特殊地质、天文气象等自然景物和文物古迹，革命纪念地、历史遗址、园林、建筑、工程设施等人文景物和它们所处的环境以及风土人情等。

四、纪念性景观

《现代汉语词典》对"纪念"一词的解释是，用事物或行动对人或事表示怀念。即通过物质性的建造和精神的延续，达到回忆与传承历史的目的。根据韦氏字典的解释，"纪念性是从纪念物（monument）中引申出来的特别气氛，简单来说，有这样几层意思：①陵墓的或与陵墓相关的，作为纪念物的；②与纪念物相似有巨大尺度的、有杰出品质的；③相关于或属于纪念物的；④非常伟大的，等等。"通过对"纪念""纪念性"和"景观"的释义，并借鉴《景观纪念性导论》（李开然著）一书中对纪念性景观内涵的概述，把纪念性景观理解为用于标志、怀念某一事物或为了传承历史的物质或心理环境。也就是说，当某一场所作为表达崇敬之情或者是利用场地内元素的记录功能描述某个事件的时候，这一场地往往就是纪念性场地了，所形成的景观就是纪念性景观。它包括标志景观、祭献景观、文化遗址、历史景观等实体景观，以及宗教景观、民俗景观、传说故事等抽象景观。

五、旅游度假区景观

旅游度假区景观是指以接待旅游者为主的综合性旅游区，集中设置配套旅游设施，所在地区旅游度假资源丰富，客源基础较好，交通便捷，对外服务有较好基础。旅游度假区的景观设计包括自然景区设计、生态旅游规划、文化游览开发、旅游度假设施建设等相关主题。景观生态学的迅速发展和合理应用，为建设生态型的旅游度假区提供了理论依据。我们应运用景观生态学的原理，研究旅游度假区景观建设的生态规划途径，以保障景观资源的永续利用。

六、地质公园

地质公园是以具有特殊地质科学意义、稀有的自然属性、较高的美学观赏价值，且具有一定规模和分布范围的地质遗迹景观为主体，融合其他自然景观与人文景观构成的一种独特的自然区域。建造地质公园的主要目的有三个：保护地质遗迹，普及地学知识，开展旅游促进地方经济发展。地质公园分四级：县市级地质公园、省地质公园、国家地质公园、世界地质公园。

七、湿地景观

湿地按性质一般分为天然湿地和人工湿地。天然湿地包括：沼泽、滩涂、泥炭地、湿草甸、湖泊、河流、洪泛平原、珊瑚礁、河口三角洲、红树林、低潮时水位小于 6 m 的水域。湿地景观是指湿地水域景观。近几年来，湿地景观设计作为一种特有的生态旅游资源，在旅游规划中也越来越受到重视。

八、遗址公园景观

遗址公园景观，即利用遗址这一珍贵历史文物资源而规划设计的公共场所，将遗址保护与景观设计相结合，运用保护、修复、创新等一系列手法，对历史的人文资源进行重新整合、再生，既充分挖掘了城市的历史文化内涵，体现了城市文脉的延续性，又满足了现代文化生活的需要，体现了新时代的景观设计思路。遗址公园既是历史景观，又是文化景观，遗址公园设计主要应把握风貌特色，使历史文脉得以延续和发扬。

第三节 空间布局与设计技法

一、空间造型基础

现代园林景观的构成元素多种多样，造型千变万化。这些形形色色的元素造型实际上可看成简化的几何形体削减、添加的组合。也就是说，景观形象给人的感受，都是以微观造型要素的表情特征为基础的。点、线、面、体是景观空间的造型要素，掌握其语言特征是进行园林景观设计的基础。

（一）点

点是构成形态的最小单元，点排列成线，线堆积成面，面组合成体。点既无长度，也无宽度，但可以表示出空间的位置。当平面上只有一个点时，人的视线会集中在这个点上。点在空间环境里具有积极的作用，并且容易形成环境中的视觉焦点。例如，当点处于环境位置中心时，点是稳定、静止的，以其自身来组织围绕着它的诸要素，具有明显的向心性；当点从中心偏移时，所处的范围就变得富有动势，形成一种视觉上的、有方向的牵引力。

当空间的点以多数出现时，不同的排列、组合会产生不同的视觉效果。例如，两个点大小相同时，会在它们之间暗示线的存在；同一层面上的三五个点，会让人产生面的联想；若干个大小相同的点组合时，如果相互严谨、规则地排列，会产生严肃、稳定、有序之美；若干个大小不同的点组合时，人会在视觉上感到有透视变化，产生空间层次，因而富有动态、活泼之美。

点的形态在景观中随处可见，其特征是，相对它所处的空间来说体积较小、相对集中，如一件雕塑、一把座椅、一个水池、一个亭子，甚至是草坪中的一棵孤植树都可看成是景观空间中的一个点。因此，空间里的某些实体形态被看成点，完全取决于人们的观察位置、视野和这些实体的尺度与周围环境的比例关系。点的合理运用是园林景观设计师创造力的延伸，其手法有自由、陈列、旋转、放射、节奏、特异等。点是一种轻松、随意的装饰元素，是园林景观设计的重要组成部分。

（二）线

线是点的无限延伸，具有长度和方向性。真实的空间中是不存在线的，线只是一个相对的概念。空间的线性物体具有宽窄粗细之分，之所以被当成一条线，是因为其长度远远超过它的宽度。线具有极强的表现力，除了反映面的轮廓和体的表面状况外，还给人的视觉带来方向感、运动感和生长感，即所谓"神以线而传，形以线而立，色以线而明"。

园林景观中的线可归纳为直线和曲线两大类。直线是最基本也是被运用得最为普遍的一种线形，给人以刚硬、挺拔、明确之感。其中，粗直线稳重，细直线敏锐。直线形态的设计有时是一种崇高、胜利的象征，如人民英雄纪念碑、方尖碑等；有时用来限定通透的空间，这种手法较常用，如公园中的花架、柱廊等。

曲线具有柔美、流动、连贯的特征，它的丰富变化比直线更能引起人们的注意。中国园林艺术就注重对曲线的应用，表现出造园的风格和品位，体现出师法自然的特色。几何曲线如圆弧、椭圆弧给人以规则、浑圆、轻快之感。螺旋曲线富有韵律和动感。而自由曲线如波形线、弧线，显得更自由、自然、抒情、奔放。

线在景观空间中无处不在，横向如蜿蜒的河流、交织的公路、道路的绿篱带等，纵向如高层建筑、环境中的柱子、照明的灯柱等，都呈现出线状，只是线的粗细不一样。在绿化中，线的运用最具特色，更把绿化图案化、工艺化，线的运用是基础，绿化中的线不仅具有装饰美，而且充溢着一股生命活力的流动美。

（三）面

面是指线移动的轨迹。和点、线相比，它有较大的面积、很小的厚度，因此具有宏大和轻盈的表现。

面的基本类型有几何型、有机型和不规则型。几何型的面在景观空间中最常见，如方形面单纯、大方、安定，圆形面饱满、充实、柔和，三角形面稳定、庄重、有力；几何型的斜面还具有方向性和动势。有机型的面是一种不能用几何方向求出的曲面，它更富于流动和变化，多以可塑性材料制成，如拉膜结构、充气结构、塑料房屋或帐篷等形成的有机型的面。不规则型的面虽然没有秩序，但比几何型的面自然，更富有人情味，如中国园林中水池的不规则平面、自然发展形成的村落布置等。

在景观空间中，设计的诸要素，如色彩、肌理、空间等都是通过面的形式充分体现出来的，面可以丰富空间的表现力、吸引人的注意力。面的运用反映在下述三个层面。

1. 遮蔽面

景观空间中的遮蔽面可以是蓝天白云，也可以是浓密树冠形成的覆盖面，或者是亭、廊的顶面。

2. 围合面

围合面是从视觉、心理及使用方面限定空间或围合空间的面，它可虚可实，或虚实结合。围合面可以是垂直的墙面、护栏，也可以是密植较高的树木形成的树屏，或者是若干柱子呈直线排列所形成的虚拟面等。另外，地势的高低起伏也会形成围合面。

3. 基面

园林景观中的基面可以是铺地、草地、水面，也可以是对景物提供的有形支撑面。基面支持着人们在空间中的活动，如走路、休息、划船等。

（四）体

体是由面移动而成的，它不是靠外轮廓表现出来的，而是从不同角度看到的不同形貌的综合。体具有长度、宽度和深度，可以是实体（由体部取代空间），也可以是虚体（由面状所围合的空间）。

体的主要特征是形，形体的种类有长方体、多面体、曲面体、不规则形体等。体具有尺度、重感和空间感，体的表情是围合它的各种面的综合表情。宏伟、巨大的形体，如宫殿、巨石等，引人注目，并使人感到崇高敬畏；小巧的洗手钵、园灯等，则惹人喜爱、富有人情味。

如果将以上大小不同的形状各自随意缩小或放大，就会发现它们失去了原来的意义，这表明体的尺度具有特殊作用。在景观环境中，大小不同的形体相辅相成，各自起到不同的作用，使人们感受到空间的宏伟壮丽和亲切的美感。

园林景观中的体可以是建筑物、构筑物，也可以是树木、石头、立体水景等。它们多种多样的组合丰富了景观空间。

二、空间的限定手法

园林景观设计是一种环境设计，也可以说是"空间设计"，目的在于给人们提供一个舒适而美好的休憩场所。园林景观形式的表达，得益于景观空间的构成和组合。空间的限定为这一实现提供了可能。空间的限定是指使用各种空间造型手段在原空间中进行划分，从而创造出各种不同的空间环境。

景观空间是指人在视线范围内，由树木花草（植物）、地形、建筑、山石、水体、铺装道路等构图单体所组成的景观区域。空间的限定手法常见的有围合、覆盖、高差变化、地面材质变化等。

（一）围合

围合是空间形成的基础，也是最常见的空间限定手法。室内空间是由墙面、地面、顶面围合而成的；室外空间则是更大尺度的围合体，它的构成元素和组织方式更加复杂。景观空间常见的围合元素有建筑物、构筑物、植物等，而且由于围合元素构成方式的不同，被围起的空间形态也有很大的不同。

人们对空间的围合感是评价空间特征的重要依据，空间围合感有下述几个方面的影响。

1. 围合实体的封闭程度

单面围合或四面围合对空间的封闭程度明显不同。研究表明，实体围合面积达到 50% 以上时可建立有效的围合感，单面围合所表现的领域感很弱，仅有沿边的感觉，更多的只是一种空间划分的暗示。当然，在设计中要看具体的环境要求，选择相宜的围合度。

2. 围合实体的高度

空间的围合感还与围合实体的高度有关，当然这是以人体的尺度作为参照的。

当围合实体高度在 0.4 m 时，围合的空间没有封闭性，仅仅作为区域的限制与暗示，而且人极易跨越这个高度。在实际运用中，这种高度的围合实体常常结合休息座椅来设计。

当围合实体高度为 0.8 m 时，空间的限定程度较前者稍高一些，但对儿童的身高尺度来说，封闭感相当强，因此儿童活动场地周围的绿篱高度设计多半以这个为标准。

当围合实体高度达到 1.3 m 时，成年人的身体大部分都被遮住了，有了一种安全感。如果坐在墙下的椅子上，整个人能被遮住，私密性较强。因此在室外环境中，常用这个高度的绿篱来划分空间或作为独立区域的围合体。

当围合实体高度达到 1.9 m 以上时，人的视线完全被挡住，空间的封闭性急剧加强，区域的划分完全确定下来。

3.实体高度和实体开口宽度的比值

实体高度（H）和实体开口宽度（D）的比值在很大程度上影响到空间的围合感。当 $D/H < 1$ 时，空间犹如狭长的过道，围合感很强；当 $D/H = 1$ 时，空间围合感较前者弱；当 $D/H > 1$ 时，空间围合感更弱。随着 D/H 的值的增大，空间的封闭性也越来越差。

（二）覆盖

空间的四周开敞而顶部用构件限定，这种结构称为覆盖。这如同我们下雨天撑的伞一样，伞下就形成了一个不同于外界的限定空间。覆盖有两种方式：一种是覆盖层由上面悬吊，另一种是覆盖层的下面有支撑。

例如，广阔的草地上有一棵大树，其繁盛茂密的大树冠覆盖着树下的空间，人们聚在树下聊天、下棋等。再如，轻盈通透的单排柱花架或单柱式花架，它们的顶棚攀缘着观花蔓木。顶棚下限定出了一个清净、宜人的休闲环境。

（三）高差变化

利用地面高差变化来限定空间也是较常见的手法。地面高差变化可创造出上升空间或下沉空间。上升空间是指将水平基面局部抬高，被抬高空间的边缘可限定出局部小空间，从视觉上加强了该范围与周围空间的分离性。下沉空间与前者相反，是将基面的一部分下沉，明确出空间范围，这个范围的界限用下沉的垂直表面来限定。

上升空间具有突出、醒目的特点，容易成为视觉焦点，如舞台等。它与周围环境之间的视觉联系程度受抬高尺度的影响。①当基面抬高高度较低时,上升空间与原空间具有极强的整体性。②当基面抬高高度稍低于视线高度时,可维持视觉的连续性,但空间的连续性中断。③当基面抬高高度超过视线高度时,视觉和空间的连续性中断,整个空间被划分为两个不同的空间。

下沉空间具有内向性和保护性,如常见的下沉广场,形成了一个和街道的喧闹相互隔离的独立空间。对下沉空间而言,视线的连续性和空间的整体性,随着下降高度的增加而减弱。当下降高度超过人的视线高度时,视线的连续性和空间的整体感完全被破坏,使小空间从大空间中完全独立出来。下沉空间同时可借助色彩、质感和形体要素的对比处理来表现更具目的和个性的独立空间。

(四) 地面材质变化

通过地面材质的变化也可以限定空间,其程度相对前面两种来说要弱些,它形成的是虚拟空间,但这种方式运用较为广泛。

地面材质有硬质和软质之分,硬质地面指铺装硬地,软质地面指草坪。如果庭院中既有硬地也有草坪,因使用的地面材质不同,呈现出两个完全不同的区域,因此在人的视觉上形成两个空间。硬质地面可使用的铺装材料有水泥、砖、石材、卵石等,这些材料的图案、色彩、质地丰富,为通过地面材质的变化来限定空间提供了条件。

三、空间尺度比例

景观空间设计的尺度和建筑设计的尺度一样,都是基于对人体的参照,即景观空间是为人所用,必须以人为尺度单位,要考虑人身处其中的感觉。

景观空间环境给人们提供了室外交往的场所,人与人之间的距离决定了在相互交往时以何种渠道为最主要的交往方式,并因此影响到园林景观设计中的空间尺度。人类学家霍尔将人际距离主要概括为四种:密切距离、个人距离、社会距离和公共距离(见表3-1)。

表 3-1　人际距离具体分类

具体类型	距离范围	
密切距离	0~0.45 m	小于个人空间，可以互相体验到对方的辐射热、气味，是一种比较亲昵的距离，但在公共场所与陌生人处于这一距离时会令人感到严重不安
个人距离	0.45~1.20 m	与个人空间基本一致，处于该距离范围内，能提供详细的信息反馈，谈话声音适中，言语交往多于触觉，适于亲属、密友或熟人之间的交谈。因为公共场所的交流活动多发生在不相识的人们之间，空间环境的设计既要保证交流的进行，又要不过多侵害个体领域的需求，以免人们因拥挤而产生焦虑感。因此，在室外环境中涉及休息区域的设计时，保证个人可以占有半径60 cm以上的空间范围是很重要的
社会距离	1.2~3.6 m	邻居、朋友、同事之间的一般性谈话的距离。在这一距离中，相互接触已不可能，彼此保持正常的交流。观察发现，若熟人在这一距离出现，坐着工作的人不打招呼继续工作也不为失礼；反之，若小于这一距离，工作的人不得不打招呼
公共距离	3.6~8.0 m	这是演员或政治家与公众正规接触的距离。这一接触无视觉细部可见，为了正确表达意思，需提高声音，甚至采用动作辅助言语表达。当距离在20~25 m时，人们可以识别对面人的脸，这个距离同样也是人们对这个范围内的环境变化进行有效观察的基本尺度。当距离超出110 m的范围时，肉眼只能辨别出大致的人形和动作，这一尺度可作为广场尺度，能形成宽广、开阔的感觉

研究表明，如果每隔20~25 m景观空间内有重复的变化，或是材料，或是地面高差，那么，即使空间的整体尺度很大，也不会产生单调感。这个尺度也常被看成外部空间设计的标准，空间区域的划分和各种景观小品，如水池、雕塑的设置，都可以此为单位进行组织。

第四节 植物景观设计

一、植物造景的原则

（一）园林植物选择的原则

1. 以乡土植物为主，适当引种外来植物

乡土植物（native plant 或 local plant）指原产于本地区或通过长期引种、栽培和繁殖已经非常适应本地区的气候和生态环境、生长良好的一类植物。与其他植物相比，乡土植物具有很多的优点。

（1）实用性强。乡土植物可食用、药用，可提取香料，可作为化工、造纸、建筑原材料以及绿化观赏。

（2）适应性强。乡土植物适应本地区的自然环境条件，抗污染、抗病虫害能力强，在涵养水分、保持水土、降温增湿、吸尘杀菌、绿化观赏等环境保护和美化中发挥了主导作用。

（3）代表性强。乡土植物，尤其是乡土树种，能够体现当地植物区系特色，代表当地的自然风貌。

（4）文化性强。乡土植物的应用历史较长，许多植物被赋予了一些民间传说和典故，具有丰富的文化底蕴。

此外，乡土植物具有繁殖容易、生产快、应用范围广、安全、廉价、养护成本低等特点，具有较高的推广意义和实际应用价值，因此在设计中，乡土植物的使用比例应该不小于70%。

在植物品种的选择中，以乡土植物为主，同时可以适当引入外来的或者新的植物品种，丰富当地的植物景观。

比如，我国北方高寒地带有着极其丰富的早春抗寒野生花卉种质资源，据统计，大、小兴安岭林区有1 300多种耐寒、观赏价值高的植物，如冰凉花（又称冰里花、侧金盏花）在哈尔滨3月中旬开花，遇雪更加艳丽，毫无冻害；

另外大花杓兰、白头翁、耧斗菜、翠南报春、荷青花等从3月中旬也开始陆续开花。尽管在东北地区无法达到四季有花，但这些野生花卉材料的引入却可将观花期提前两个月，延长植物的观花期和绿色期。应该注意的是，在引种过程中不能盲目跟风，应该以不违背自然规律为前提。另外，应该注意慎重引种，避免将一些入侵植物引入当地，危害当地植物的生存。

2. 以基地条件为依据，选择适合的园林绿化植物

北魏贾思勰在《齐民要术》中曾阐述"地势有良薄，山泽有异宜。顺天时，量地利，则用力少而成功多。任情反道，劳而无获。"这说明植物的选择应以基地条件为依据，即"适地适树"原则，这是选择园林植物的一项基本原则。要做到这一点必须从两方面入手，一是对当地的立地条件进行深入细致的调查分析，包括当地的温度、湿度、水文、地质、植被、土壤等条件；二是对植物的生物学、生态学特性进行深入的调查研究，确定植物正常生长所需的环境因子。一般来讲，乡土植物比较容易适应当地的立地条件，但对于引种植物则不然，所以引种植物在大面积应用之前一定要做引种试验，确保万无一失才可以加以推广。

另外，现状条件还包括一些非自然条件，如人工设施、使用人群、绿地性质等，在选择植物的时候还要结合这些具体的要求选择植物种类。例如，行道树应选择分枝点高、易成活、生长快、适应城市环境、耐修剪、耐烟尘的树种，除此之外还应该满足行人遮阴的需要。再如，纪念性园林的植物应选择具有某种象征意义的树种或者与纪念主题有关的树种等。

（二）植物景观的配置原则

1. 自然原则

在植物的选择方面，尽量以自然生长状态为主，在配置中要以自然植物群落构成为依据，模仿自然群落组合方式和配置形式，合理选择配置植物，避免单一物种、整齐划一的配置形式，达到"师法自然""虽由人作，宛自天开"的效果。

2. 生态原则

在植物材料的选择、树种的搭配等方面，必须最大限度地以改善生态环境、提高生态质量为出发点，也应该尽量多地选择和使用乡土树种，创造出

稳定的植物群落；以生态学理论为基础，在充分掌握植物的生物学、生态学特性的基础上，合理布局，科学搭配，使各种植物和谐共存，植物群落稳定发展，从而发挥出最大的生态效益。

二、植物配置方式

（一）自然式

中国古典园林的植物配置以自然式为主。自然式的植物配置方法多选外形美观、自然的植物品种，以不相等的株行距进行配置，具体的景观配置方式请参见表3-2。自然式的植物配置形式令人感觉放松、惬意，但如果使用不当会显得杂乱。

表3-2 自然式植物景观配置方式

类型	配置方式	功能	适用范围	表现的内容
孤植	单株树孤立种植	主景、庇荫	常用于大片草坪、花坛中心、小庭院的一角，与山石搭配	植物的个体美
对植（均衡式）	两株或两丛植物采取非对称均衡方式布置在轴线两侧	框景、夹景	入口处、道路两侧、水岸两侧等	植物的个体美及群体美
丛植	3~9株同种或异种树木不等距离地种植在一起形成树丛效果	主景、配景、背景、隔离	常用于大片草坪、水边	植物的群体美和个体美
群植	一两种乔木为主体，与数种乔木和灌木搭配，组成较大面积的树木群体	配景、背景、隔离、防护	常用于大片草坪、水边，或者需要防护、遮挡的位置	表现植物群体美，具有"成林"的效果
带植	大量植物沿直线或者曲线呈带状栽植	背景、隔离、防护	多应用于街道、公路、水系的两侧	表现植物群体美，一般宜密植，形成树屏效果

（二）规则式

规则式栽植方式在西方园林中经常采用，在现代城市绿化中使用得也比较广泛。相对自然式而言，规则式的植物配置往往选择形状规整的植物，按照相等的株行距进行栽植,具体的景观配置方式见表 3-3。规则式植物栽植方式效果整齐统一,但有时可能会显单调。

表 3-3 规则式植物景观配置方式

类型	配置方式	适用范围	景观效果
对植(对称式)	两株或者两丛植物按轴线左右对称布置	建筑物、公共场所入口处等	庄重、肃穆
行植	植物按照相等的株行距呈单行或多行种植,有正方形、三角形、长方形等不同栽植形式	在规则式道路两侧、广场外围或围墙边沿、防护林带	整齐划一,形成夹景效果,具有极强的视觉导向性
环植	植物等距沿圆环或者曲线栽植植物,可有单环、半环或多环等形式	圆形或者环状的空间,如圆形小广场、水池、水体以及环路等	规律性、韵律感,富于变化,形成连续的曲面
带植	大量植物沿直线或者曲线呈带状栽植	公路两侧、海岸线、风口、风沙较大的地段或者其他需防护地区	整齐划一,形成视觉屏障,防护作用较强

三、园林植物景观设计方法

(一)树木的配置方法

1. 孤植(单株/丛)

树木的单株或单丛栽植称为孤植,孤植树有两种类型,一种是与园林艺术构图相结合的庇荫树,另一种单纯作为孤赏树应用。前者往往选择体形高大、枝叶茂密、姿态优美的乔木,如银杏、槐、榕、悬铃木、柠檬桉、朴、白桦、无患子、枫杨、柳、青冈栎、七叶树、麻栎、雪松、云杉、桧柏、南洋杉、苏铁、罗汉松、黄山松、柏木等。而后者更加注重孤植树的观赏价值,如白皮松、白桦等具有斑驳的树干,枫香、元宝枫、鸡爪槭、乌桕等具有鲜艳的秋叶,凤凰木、樱花、紫薇、梅、广玉兰、柿、柑橘等拥有鲜亮的花、果……总之,孤植树作为景观主体、视觉焦点,一定要具有与众不同的观赏效果,才能够起到画龙点睛的作用。

2. 对植(两株/丛)

对植多用于公园、建筑的出入口两旁或纪念物、蹬道台阶、桥头、园林小品两侧，可以烘托主景，也可以形成配景、夹景。对植往往选择外形整齐、美观的植物，如桧柏、云杉、侧柏、南洋杉、银杏、龙爪槐等，按照构图形式对植可分为对称式和非对称式两种方式。

（1）对称式对植。

以主体景观的轴线为对称轴，对称种植两株（丛）品种、大小、高度一致的植物。对称式对植的两株植物大小、形态、造型需要相似，以保证景观效果的统一。

（2）非对称式对植。

两株或两丛植物在主轴线两侧按照中心构图法或者杠杆均衡法进行配置，形成动态的平衡。需要注意的是，非对称式对植的两株（丛）植物的动势要向着轴线方向，形成左右均衡、相互呼应的状态。与对称式对植相比，非对称式对植要灵活许多。

（二）草坪、地被的配置方法

1. 草坪

（1）草坪的分类。

按照所使用的材料，草坪可以分为纯草坪、混合草坪以及缀花草坪。缀花草坪又分为纯野花矮生组合、野花与草坪组合两类，其中矮生组合采用多种株高 30 cm 以下的一二年生及多年生品种组成，专门满足对株高有严格要求的场所应用。

如果按照功能进行分类，草坪可以分为游憩草坪、观赏草坪、运动场草坪、交通安全草坪以及护坡草坪等，具体内容参见表 3-4。

表 3-4　草坪的分类

类型	功能	设置位置	草种选择
游憩草坪	休息、散步、游戏	居住区、公园、校园等	叶细、韧性较大、较耐踩踏
观赏草坪	以观赏为主，用于美化环境	禁止人们进入的或者人们无法进入的仅供观赏的地段，如立交区等	颜色碧绿均一，绿期较长，耐热、抗寒
运动场草坪	开展体育活动	体育场、公园、高尔夫球场等	根据开展的运动项目进行选择
交通安全草坪	吸滞尘埃、装饰美化	陆路交通沿线，尤其是高速公路两旁、飞机场的停机坪等	耐寒、耐旱、耐瘠薄、抗污染、抗粉尘
护坡草坪	防止水土流失、防止扬尘	高速公路边坡、河堤驳岸、山坡等	生长迅速、根系发达或具有匍匐性

（2）草坪景观的设计。

草坪空间能形成开阔的视野，增加景深和景观层次，并能充分表现地形美，一般铺植在建筑物周围、广场、运动场、林间空地等，供观赏、游憩或作为运动场地之用。

2. 地被植物

地被植物具有品种多、抗性强、管理粗放等优点，并能够调节气候、组织空间、美化环境、吸引昆虫……因此，地被植物在园林中的应用越来越广泛。

（1）地被植物的分类。

园林意义上的地被植物除了众多矮生草本植物外，还包括许多茎叶密集、生长低矮或匍匐型的矮生灌木、竹类及具有蔓生特性的藤本植物等，具体内容参见表 3-5。

表 3-5 地被植物分类及其特点

类型	特点	应用	植物品种
草花和阳性观叶植物	生长迅速、蔓延性佳、色彩艳丽、精巧雅致，但不耐践踏	装点主要景点	松叶牡丹、香雪球、二月兰、美女樱、裂叶美女樱、非洲凤仙花、四季秋海棠、萱草、宿根福禄考、丛生福禄考、半枝莲、旱金莲、三色堇等
原生阔叶草	多年生双子叶草本植物，繁殖容易，病虫害少，可粗放管理	公共绿地、自然野生环境等	马蹄金、（紫花）醉浆草、白三叶、车前草、金腰箭等
藤本	多数枝叶贴地生长，少数茎节处易发生不定根可附地着生，水土保持功能极佳	应用于斜坡地、驳岸、护坡等	蔓长春花、五叶地锦、南美蟛蜞菊菊、薜荔、牵牛花等
阴性观叶植物	耐阴，适应阴湿的环境，叶片较大，具有较高的观赏价值	栽植在底荫处，起到装饰美化的作用	冷水花、常春藤、沿阶草、粗肋草、八角金盘、洒金珊瑚、十大功劳、葱兰、石蒜等
矮生灌木	多生长在向阳处，茎枝粗硬	用以阻隔、界定空间	小叶黄杨、六月雪、南天竹、金山绣线菊、金焰绣线菊、金叶莸等
矮生竹	叶形优美、典雅，多数耐阴湿、抗性强、适应能力强	林下、广场、小区、公园等，可与自然置石搭配	菲白竹、凤尾竹、翠竹等
蕨类及苔藓植物	种类较多，适应阴湿的环境	阴湿处，与自然水体和山石搭配	肾蕨、果蕨、槲蕨、崖姜蕨、鹿角蕨、蓝草等
耐盐碱类植物	能够适应盐碱化较高的地段	盐碱地	三色补血草、马蔺、枸杞、紫花苜蓿等

（2）地被植物的适用范围。

①需要保持视野开阔的非活动场地。

②阻止游人进入的场地。

③可能会出现水土流失、并且很少有人使用的坡面，如高速公路边坡等。

④栽培条件较差的场地，如沙石地、林下、风口、建筑北侧等。

⑤管理不方便的场地，如水源不足、剪草机难进入、大树分枝点低的地方。

⑥杂草猖獗、无法生长草坪的场地。

⑦有需要绿色基底衬托的景观，希望获得自然野化的效果，如某些郊野公园、湿地公园、风景区、自然保护区等。

四、植物造型景观设计

所谓植物造型，是指通过人工修剪、整形，或者利用特殊容器、栽植设备创造出非自然的植物艺术形式。植物造型更多的是强调人的作用，有着明显的人工痕迹，常见的植物造型包括绿篱、绿雕、花坛、花雕、花境、花台、花池、花车等类型。由于其选型奇特、灵活多样，植物造型景观在现代园林中的使用越来越广泛。

（一）绿篱

绿篱又称为植篱或生篱，是用乔木或灌木密植成行而形成的篱垣。绿篱的使用广泛而悠久，如我国古人就有"以篱代墙"的做法。战国时，屈原在《招魂》中就有"兰薄户树，琼木篱些"，其意是门前兰花种成丛，四周围着玉树篱。《诗经》中亦有"折柳樊圃"诗句，意思是折取柳枝作园圃的篱笆，欧洲几何式园林也大量地使用绿篱构成图案或者进行空间的分割……现代景观设计中，由于材料的丰富、养护技术的提高，绿篱被赋予了新的形态和功能。

1. 绿篱的分类

（1）按照外观形态及后期养护管理方式，绿篱分为规则式和自然式两种。前者外形整齐，需要定期进行整形修剪，以保持体形外貌；后者形态自然随性，一般只施加少量的调节生长势的修剪即可。

（2）按照高度，绿篱可以分为矮篱、中篱、高篱、绿墙等几种类型。

此外，现在绿篱的植物材料也越来越丰富，除了传统的常绿植物，如桧柏、侧柏等外，还出现了由花灌木组成的花篱、由色叶植物组成的色叶篱，如北方河流或者郊区道路两旁栽植由火炬树组成的彩叶篱，秋季红叶片片，分外鲜亮。

2. 绿篱设计的注意事项

（1）植物材料的选择。

绿篱植物的选择应该符合以下条件：①在密植情况下可正常生长；②枝

叶茂密，叶小而具有光泽；③荫蔽力强、愈伤力强，耐修剪；④整体生长不是特别旺盛，以减少修剪的次数；⑤耐阴力强；⑥病虫害少；⑦繁殖简单方便，有充足的苗源。

（2）绿篱种类的选择。

应该根据景观的风格（规则式还是自然式）、空间类型（全封闭空间、半封闭空间、开敞空间）来选择适宜的绿篱类型。另外，应该注意植物色彩，尤其是季相色彩的变化应与周围环境协调，绿篱如果作为背景，宜选择常绿、深色调的植物，而如果作为前景或主景，可选择花色、叶色鲜艳、季相变化明显的植物。

（3）绿篱形式的确定。

被修剪成长方形的绿篱固然整齐，但也会显得过于单调，所以不妨换一个造型，如可以设计成波浪形、锯齿形、城墙形等，或者将直线形栽植的绿篱变成"虚线"段，这些改变会使景观环境规整又不失灵动。

（二）花台、花池、花箱和花钵

1. 花台

花台是一种明显高出地面的小型花坛，以植物的体形、花色以及花台造型等为观赏对象的植物景观形式。花台用砖、石、木、竹或者混凝土等材料砌筑台座，内部填入土壤，栽植花卉。花台的面积较小，一般为 5 m² 左右，高度大于 0.5 m，但不超过 1 m，常设置于小型广场、庭园的中央或建筑物的周围以及道路两侧，也可与假山、围墙、建筑结合。

花台的选材、设计方法与花坛相似，由于面积较小，一个花台内通常只以一种花卉为主，形成某一花卉品种的"展示台"。由于花台高出地面，所以常选用株型低矮、枝繁叶茂并下垂的花卉，如矮牵牛、美女樱、天门冬、书带草等较为相宜。花台植物材料除一二年生花卉、宿根及球根花卉外，也常使用木本花卉，如牡丹、月季、杜鹃花、迎春、凤尾竹、菲白竹等。

按照造型特点，花台可分为规则式和自然式两类。规则式花台常用于规则的空间，为了形成丰富的景观效果，常采用多个不同规格的花台组合搭配。

自然式花台，又被称为盆景式花台，顾名思义，就是将整个花台视为一个大型的盆景，按制作盆景的艺术手法配置植物，常以松、竹、梅、杜鹃、牡丹等为主要植物材料，配以山石、小品等，构图简单、色彩朴素，以艺术造型和意境取胜。我国古典园林，尤其是江南园林中常见的用山石砌筑的花台，称为山石花台。因江南一带雨水较多，地下水位相对较高，一些传统名贵花木，如牡丹性喜高爽，要求排水良好的土壤条件，采用花台的形式，可为植物的生长发育创造适宜的生态条件。同时，山石花台与墙壁、假山等结合，也可以形成丰富的景观层次。

2. 花池

花池利用砖、混凝土、石材、木头等材料砌筑池边，高度一般低于 0.5 m，有时低于自然地坪，花池内部可以填充土壤直接栽植花木，也可放置盆栽花卉。花池的形状多数比较规则，花卉材料的运用以及图案的组合较为简单。花池设计应尽量选择株型整齐、低矮，花期较长的植物材料，如矮牵牛、宿根福禄考、鼠尾草、万寿菊、串儿红、羽衣甘蓝、钓钟柳、鸢尾、景天属等。

3. 花箱

花箱是用木、竹、塑料、金属等材料制成的专门用于栽植或摆放花木的小型容器。花箱的形式多种多样，可以是正方体、棱台、圆柱等。

4. 花钵

花钵是花束种植或者摆放的容器，一般为半球形碗状或者倒棱台，质地多为砂岩、泥、瓷、塑料、玻璃钢及木制品。按照风格划分，花钵分为古典式和现代式。古典式又分为欧式、地中海式和中式等多种风格。欧式花钵多为花瓶或者酒杯状，以花岗岩石材为主，雕刻有欧式传统图案；地中海式花钵是造型简单的陶罐；中式花钵多以花岗岩、木质材料为主，呈半球、倒圆台等形式，装饰有中式图案。现代式花钵多采用木质、砂岩、塑料、玻璃钢等材料，造型简洁，少有纹理。

其实，花台、花池、花箱、花钵就是小型的花坛，所以材料的选择、色彩的搭配、设计方法等与花坛比较近似，但某些细节稍有差异。

首先，它们的体量都比较小，所以在选择花卉材料时种类不应太多，应该控制在 1~2 种，并注意不同植物材料之间要有所对比，形成反差，不同花卉材料所占的面积应该有所差异，即应该有主有次。

其次，应该注意栽植容器的选择，以及栽植容器与花卉材料组合搭配的效果。通常是先根据环境、设计风格等确定容器的材质、式样、颜色，然后根据容器的特征选择植物材料,如方方正正的容器可以搭配植株整齐的植物,如串儿红、鼠尾草、鸢尾、郁金香等;如果是球形或者不规则形状的容器则可以选择造型自然随意或者下垂型的植物,如天门冬、矮牵牛等;如果容器的材质粗糙或者古朴最好选择野生的花卉品种,如狼尾草。如果容器质感细腻、现代时尚,一般宜选择枝叶细小、密集的栽培品种,如串儿红、鸡冠花、天门冬等。当然,以上所述并不完全绝对,一个方案往往受到许多因素的影响,即使是很小的规模也应该进行综合、全面的分析,在此基础上进行设计。

最后还需要注意的是,对于高于地面的花台、花池、花箱或者花钵,必须设计排水盲沟或者排水口,避免容器内大量积水影响植物的生长。

第四章　园林绿化栽植与施工

园林绿化施工时，必须按照园林绿化施工的流程，结合本地区的气候特点以及环境、地形条件等因素，选择最合适的绿化植物，结合时间特点，严格重视每一个细节工作，以大局为重，合理规划园林栽植，利用科学的种植技术做好园林绿化，为人类的生活营造一个干净舒适的绿色环境。绿化活动并非是单独存在的，它是一项高度融合了设计以及建设等要素的活动。现在，国家制定了多项管控措施来积极地进行园林组织的创建活动，切实提升设计以及建设等的能力。只有提升专业素养，才可以确保园林绿化施工项目品质得以维护，将科学性以及工艺性等多项要素融合到一起，打造出不仅节约资金、而且有实际意义、同时还非常美观的绿化项目。

第一节　园林绿化施工概述

一、植树施工的原则

1.必须符合规划设计要求

园林绿化栽植施工前，施工人员应当熟悉设计图纸，理解设计要求，并与设计人员进行交流，充分了解设计意图，然后严格按照图纸要求进行施工，禁止擅自更改设计。对于设计图纸与施工现场实际不符的地方，应及时向设计人员提出，在征得设计部门的同意后再变更设计。同时，不可忽视施工建造过程中的再创造作用，可以在遵从设计原则的基础上，合理利用，不断提高，以取得最佳效果。

2. 施工技术必须符合树木的生活习性

不同树种对环境条件的要求和适应能力表现出很大的差异性，施工人员必须具备丰富的园林知识，掌握其生活习性，并在栽植时采取相应的技术措施，提高栽植成活率。

3. 合理安排适宜的植树时期

我国幅员辽阔，气候各异，不同地区树木的适宜种植期不同，同一地区树种生长习性也有所不同，受施工当年的气候变化和物候期差别的影响。依据树木栽植成活的基本原理，苗木成活的关键是使地上与地下部分尽快恢复水分代谢平衡，因此必须合理安排施工的时间并做到以下两点。

（1）做到"三随"。所谓"三随"，就是指在栽植施工过程中，做到起、运、栽一条龙，做好一切苗木栽植的准备工作，创造好一切必要的条件。在最适宜的时期内，充分利用时间，随掘苗、随运苗、随栽苗，环环扣紧。栽植工程完成后，应展开及时的后期养护工作，如苗木的修剪及养护管理，这样才可以提高栽植成活率。

（2）合理安排种植顺序。在植树适宜时期内，不同树种的种植顺序非常重要，应当合理安排。从原则上讲，发芽早的树种应早栽植，发芽晚的可以推迟栽植；落叶树栽植时间宜早，常绿树栽植时间可晚些。

4. 加强经济核算，提高经济效益

调动全体施工人员的积极性，提高劳动效率，节约增产，认真进行成本核算，加强统计工作，不断总结经验。尤其是与土建工程有冲突的栽植工程，更应合理安排顺序，避免在施工过程中出现一些不必要的重复劳动。

5. 严格执行栽植工程的技术规范和操作规程

栽植工程的技术规范和操作规程是植树经验的总结，是指导植树施工技术的法规，必须严格执行。

二、栽植成活原理

园林树木栽植包括起苗、搬运、种植及栽后管理四个基本环节。每一位园林工作者都应该掌握这些环节与树木栽植成活率之间的关系，并掌握树木栽植成活的理论基础。

1. 园林树木的栽植成活原理

正常条件下生长起来的未移植园林树木，在稳定的自然环境下，其地下与地上部分存在一定比例的平衡关系。特别是根系与土壤密切结合，使树体的养分和水分代谢的平衡得以维持。

掘苗时会破坏大量的吸收根系，而且部分根系（带土球苗）或全部根系（裸根苗）脱离了原有协调的土壤环境，易受风吹日晒和搬运损伤等影响。吸收根系被破坏，导致植株对水分和营养物质的吸收能力下降，使树体内水分向下移动，由茎叶移向根部。当茎叶水分损失超过生理补偿点时，苗木会出现干枯、脱落、芽叶干缩等生理反应。然而这一反应进行时地上部分仍能不断地进行蒸腾等现象，生理平衡因此遭到破坏，严重时苗木会因失水而死亡。

由此可见，栽植过程中及时维持和恢复树体以水分代谢为主的平衡是栽植成活的关键。这种平衡受起苗、搬运、种植及栽后管理技术的直接影响，同时也与栽植季节，苗木的质量、年龄、根系的再生能力等因素密切相关。移植时，根系与地上部分以水分代谢为主的平衡关系或多或少地遭到了破坏。植株本身虽有关闭气孔以减少蒸腾的自动调控能力，但此作用有限。受损根系在适宜的条件下具有一定的再生能力，但再生大量的新根需要一段时间，恢复这种代谢平衡更需要大量时间。可见，如何减少苗木在移植过程中的根系损伤，促使其迅速发生新根、与新环境建立起新的平衡关系对提高栽植成活率是尤为重要的。一切利于迅速恢复根系再生能力、尽早使根系与土壤重新建立紧密联系、抑制地上茎叶部分蒸腾的技术措施，都能促进树木建立新的代谢平衡，并有利于提高其栽植成活率。研究表明，在移植过程中，减少树冠的枝叶量、供应充足的水分或保持较高的空气湿度条件，可以暂时维持较低水平的代谢平衡。

园林树木栽植的原理，就是要遵循客观规律，符合树体生长发育的实际，提供相应的栽植条件和管理养护措施，协调树体地上部分和地下部分的生长发育关系，以此来维持树体水分代谢的平衡，促进根系的再生和生理代谢功能的恢复。

2. 影响树木移栽成活率的因素

为确保树木栽植成活，应当采取多种技术措施，在各个环节都严格把关。

栽植经验证明，影响苗木栽植成活的因素主要有以下几点，如果一个环节失误，就可能造成苗木的死亡。

（1）异地苗木。

新引进的异地苗木，在长途运输过程中水分损失较多，有些甚至不适应本地土质或气候条件。这种情况会造成苗木死亡，其中根系质量差的苗木尤为严重。

（2）常绿大树未带土球移植。

大树移植若未带土球，将导致根系大量受损，在叶片蒸腾量过大的情况下，容易出现萎蔫而死亡。

（3）落叶树种生长季节未带土球移植。

在生长季节移植落叶树种，必须带土球，否则不易成活。

（4）起苗方法不当。

移植常绿树时需要进行合理修剪，并采用锋利的移植工具，若起苗工具钝化易严重破损苗木根系。

（5）土球太小。

移植常绿树木时，如果所带土球比规范要求小很多，也容易造成根系受损严重，较难成活。

（6）栽植深度不适宜。

苗木栽植过浅，水分不易保持，容易干死；苗木栽植过深，则可能导致根部缺氧或浇水不透而引起树木死亡。

（7）空气或地下水污染。

有些苗木抗有害气体能力较差，栽植地附近某些工厂排放的有害气体或废水，会造成植株敏感而死亡。

（8）土壤积水。

若不耐涝树种栽植在低洼地，长期受涝的苗木很可能因缺氧而死亡。

（9）树苗倒伏。

带土球移植的苗木，浇水之后若倒伏，应将其轻轻扶起并固定；如果强行扶起，容易导致苗木因土球被破坏而死亡。

（10）浇水不适。

浇水速度不宜过快，应当以灌透为止；如浇水速度过快，在树穴表面上看已灌满水，但实际上很可能没浇透而造成苗木死亡。碰到干旱后恰有小雨频繁滋润的天气，也应当适当浇水，避免造成地表看似雨水充足、地下实则近乎干透而导致树木死亡的现象。

3.提高树木栽植成活率的原则

（1）适地适树。

充分了解规划设计树种的生态习性以及对栽植地区生态环境的适应能力，具备相关的成功驯化引种试验和成熟的栽培养护技术，方能保证成活率。尤其是花灌木新品种的选择应用，要比观叶、观形的园林树种更加慎重，因为此类树种除了树体成活以外，还要求花果观赏性状的完美表达。因此，实行适地适树原则的最简便的做法，就是选用性状优良的乡土树种作为景观树种中的基调骨干树种。特别是在生态林的规划设计中，更应贯彻以乡土树种为主的原则，以求营造生态植物群落效应。

（2）适时适栽。

应根据各种树木的不同生长特性和栽植地区的气候条件，决定园林树木栽植的适宜时期。落叶树种大多在秋季落叶后或春季萌芽开始前进行栽植；常绿树种栽植，在南方冬暖地区多行秋植，或在新梢停止生长的雨季进行。冬季严寒地区，易因秋季干旱造成"抽条"而不能顺利越冬，常以新梢萌发前春植为宜；春旱严重地区可行雨季栽植。随着社会的发展和园林建设的需要，人们对环境生态建设的要求愈加迫切，园林树木的栽植已突破时限，"反季节"栽植已随处可见，如何提高栽植成活率也成为相关研究的重点课题。

（3）适法适栽。

根据树体的生长发育状态、树种的生长特点、树木栽植时期及栽植地点的环境条件等，园林树木的栽植方法可分为裸根栽植或带土球栽植两种。近年来，随着栽培技术的发展和栽培手段的更新，生根剂、蒸腾抑制剂等新的技术和方法在栽培过程中也逐渐被采用。除此之外，我们还应努力探索研究新技术方法和措施。

第二节　园林树木栽植施工技术

一、植树工程的施工工序

1. 进土方和堆造地形

（1）进土方。

土壤是植树工程的基础，是苗木赖以生存的物质环境。对于栽植土方不足的工地，就需要从其他地方移土进场，且所进土壤必须是具有符合植物生长所需要的水、肥、气、热能力的栽植土。所进土方的土色应当是自然的土黄色或棕褐色，其理化性质应为无白色盐霜、疏松、不板结，性质符合《园林栽植土质量标准》。有一些土壤含有危害植物生长的成分，应禁止使用，像建筑垃圾土、盐碱土、重黏土和砂土等。对场地中原有不符合栽植条件的土壤，应根据栽植要求，全部或部分利用种植土或人造土进行改良。

（2）堆造地形。

①测设控制网。堆造地形是一项复杂的工程，具有不可毁改性，需要严格按照规划设计要求进行施工。园林工程建设场地内的地形、地貌往往比较复杂，形状变化较大，这种情况会导致施工前的施测范围大，为施工测量带来一定难度，如湖岸线、道路、花坛和种植点等的施工。对于较大范围的园林工程施工测量，建设场地内的控制网测设就显得尤为重要。

园林设计中一般用方格网来控制整个施工区域。因地形的复杂程度和所采用施工方法的不同，方格网大小一般为 $10\,m \times 10\,m$、$20\,m \times 20\,m$ 或 $40\,m \times 40\,m$ 不等。布设方格网应统筹兼顾，遵循先整体后局部的工作程序，即先测设方格网的"十""口"字形主轴线，然后进行加密，全面布设方格网。施工时需在各方格点上设置控制桩，以便于测设高程和施工，桩上应标出桩号（施工方格网上的编号）和施工标高（挖土用"+"号，填土用"−"号）。

对于挖湖堆山等自然地形的堆造，在施工时应首先确定"湖"和"山"

的边界线，将设计地形等高线和方格网的交点标到地面上并打桩，桩木上标明桩号及施工标高。堆山时，随着土层不断升高，桩木可能被土埋没，为便于识别，采用桩木的长度应大于土层的高度，同时不同层要用不同颜色标记，也可以分层放线设置标高桩。挖湖工程的放线工作与山体基本相同，但是一般水体挖得比较一致，由于池底常年隐没在水下，放线可以粗放些，岸线和岸坡等地上部分的定点放线则应做到准确，因为这些部分不仅对造景有影响，而且与水体岸坡的稳定有很大关系。为求精确施工，还可以用边坡样板来控制边坡坡度，增加岸坡的稳定性。

②挖、堆土方。土方工程是园林绿化施工的物质基础，是绿化种植、景观工程等成功进行的前提，对体现园林工程的整体构思和布局、建立园林景观和植物种植组成的框架结构起到重要作用，在园林工程中应作为重要项目施工。

在挖、堆土方同时进行的施工工程中，要注意合理分配，做到土方平衡。挖出土方首先应用在堆方造型中，剩余部分可外运；地形堆筑中的缺土，可由场外运入，但是外土质量必须满足《园林植物栽植技术规程》规定。符合绿化种植设计要求的土壤是不可再生资源，在绿化设计中不可替代，因此，施工中应充分利用土壤以做到节约资源。在通常情况下，土方工程要细致规划，应挖出原地表层的种植土，在回填一般杂土后，再将种植土覆于表层，这样地形或假山的外形既满足了工程设计要求，又能使表层土壤达到植物生长的规范要求。

挖土方主要在开挖人工河（湖）道时进行，挖后需要及时做好土方的搬运工作。人工河（湖）道的开挖，应结合现场土质条件，根据设计要求，先挖去河（湖）道中心最深部位，再按等高线由低往高向四周逐步扩大范围。

对土方造型和山体堆放质量可能造成不良影响的地下隐蔽物，应在土方工程堆筑地形前对其加以处置，经过隐蔽工程验收后，才能实施堆筑工程。施工时要对沉降、位移进行检测，一般24 h检测一次；对于大于地基承载能力的假山、邻近建筑物的山体等重要部位，相对标高达7 m时，应12 h检测一次。

山体表面的种植土层，堆筑时应符合有关要求，表层土壤（至少1 m以上）必须经检验分析，符合《园林栽植土质量标准》，具备满足植物生长需要的条件。土方工程结束后，应对栽植区的土壤进行深翻，翻地深度不得小于 30 cm，并在每平方米土壤中施入 1.0~1.5 kg 的腐熟基肥。

2. 定点放线

（1）行道树的定点、放线。

行道树栽植要求位置准确、株行距相等（国外有用不等距的），按设计断面定点。对道路设施完善的定点以路牙为依据，无路牙的则应找出准确的道路中心线，以此为定点依据，然后用皮尺、钢尺或测绳定出行位，再按施工要求、参考设计图纸定株距。每隔 10 株于株距中间钉一木桩（但不是钉在所挖坑穴位置上）作为行位控制标记，以确定每株树木坑（穴）位置，随后用白灰点标出单株位置。由于道路绿化与市政、交通、沿途单位、居民等关系密切，对城市形象具有重要影响，因地植树位置的确定在施工时应与规划部门配合协商，定点后还必须请设计人员验点。

（2）公园绿地的定点。

自然式树木种植方式主要有两种：一种是孤植，即以单株作孤赏树，并在设计图上标明单株的位置；另一种是群植，只在图上标明栽植范围，对株位没有明确规定的有树丛、片林。

3. 挖穴

栽植穴是植株生存的客观条件，对植物生长具有很大影响，因此，提高刨坑（挖穴）质量，对提高植物成活率具有重要意义。依据设计图纸确定好栽植位置后，坑穴大小应根据根系或土球大小、土质情况优劣来确定（一般应比规定的根系或土球直径大 40~80 cm），并根据树种类别确定坑的深浅，以满足苗木正常生长。坑或沟槽口径要保持上下一致，避免根系在植树时不能舒展或填土不实。

4. 选苗

苗木的选择，首先应满足设计对规格和树形提出的要求，其次还要注意选择长势好、树姿端正、植株健壮、根系发达、无病虫害、无机械损伤的苗木；所选树苗必须在育苗期内经过翻栽，根系集中在树根和靠近根的茎。育苗期没有经过翻栽的留床老苗移植成活率较低，即使移栽成活，生长势在多年内都较弱，绿化效果不好，不宜采用。苗木选定后，为避免挖错，要在枝干挂牌或在根基部位做出明显标记；注意挂牌时，应将标记牌挂至阳面，并在移栽时，保持同一方向，这样有利于促进植物生长发育、提高成活率。

5. 掘苗

掘苗是植树工程中的一个重要环节，保证起掘苗木品质，是提高植树成活率和决定最终绿化成果的关键因素。苗木优秀的原生长品质是保证苗木品质的基础，但正确的掘苗方法、合理的时间安排和认真负责的组织操作，却是提高掘苗质量的关键。掘苗质量还与土壤含水情况、工具锋利程度、包装材料适用情况有关，事前做好充分的准备工作尤为重要。

6. 运苗

苗木运输质量同样是影响移植成活的关键因素。实践证明，在施工过程中做到"随掘、随运、随栽"，可以提高栽植成活率。缩短树根在空气中暴露的时间。减轻水分蒸发和机械磨损，对树木成活大有益处。如果需要长途运苗，为提高栽植成活率，还应做好调度工作，加强对苗木的保护。

7. 栽植修剪

园林树木的栽植修剪由种植前修剪和种植后修剪两个阶段组成。种植前修剪从掘苗前就要开始进行，一些苗木枝干过高或树冠大，树体重量也大，给挖掘、运输、装车带来很多困难，需在挖掘之前就进行适当的修剪；有些树则需要在挖掘放倒后、装车前进行适当的修剪；有些树则可以在运到施工现场卸车后、种植前再进行修剪。树木种植前修剪受到多种情况的影响，包括树木习性、运输距离、栽植季节和栽植环境等。种植后修剪则是种植工作完成以后，为协调苗木与栽植地环境关系、提高成活率、营造景观效果所进行的修剪。

8. 栽植

选择一天中光照较弱、气温较低的时间栽植苗木，以上午 11 点以前、下午 3 点以后进行为宜，如果阴天无风则更佳。树木种植前，要再次检查种植穴的挖掘质量与树木的根系是否结合，坑较小的要进行加大加深处理，并在坑底垫 10~20 cm 的疏松土壤（表土），使土堆呈锥形，便于根系顺锥形土堆四下散开，保证根系舒展开。将苗木立入种植穴内扶直，分层填土，提苗至合适程度，踩实固定。裸根苗、土球苗的栽植技术也各不相同。

二、栽培季节

适宜的植树季节是指环境条件和物候状况最利于树木成活,且所花费的人力物力较少的时期,一般取决于树木的种类、生长状态和外界环境条件。选择植树时期的基本原则是要尽量降低外界条件对栽植树木正常生长的影响,尽最大努力提高劳动效率。

树木有其自身的年周期生长发育规律,从春季发芽、夏季生长到秋后落叶前为生长期,此时期生理活动旺盛,对不良环境的抵抗力弱,生长发育受外界环境因子的影响明显;自秋季落叶后到春季萌芽前这段时间为树木休眠期,此时期各项生理活动较弱,消耗营养物质最少,对外界环境条件的变化不敏感,因而对不良环境因素的抵抗力强。根据栽植成活的原理,应选择外界环境最有利于水分供应和树木本身生命活动最弱、水分蒸腾最小、消耗养分最少,且栽植后能够快速正常发育的时期,这一时期为植树的最好季节。因此,温带地区植树以树木的休眠期最为适宜。

我国大部分地区和大多数树种最适宜的植树季节是早春和晚秋,即树木落叶后开始进入休眠期至土壤冻结前,以及树木萌芽前刚开始生命活动的这段时期。这两个时期树木的生理活动弱,对水分和养分的需求不大,树体内储存有大量的营养物质,有一定的生命活动能力,有利于促进伤口愈合和生发新根,是栽植成活率最高的时期。至于春植好还是秋植好,则须依不同树种和不同地区条件而定,具体各地区哪个时期最适合植树,要根据不同树种生长的特点和当地的气候特点来决定。即便在同一植树季节,南北方地区可能还要相差一个月之久,因此需要在实际工作中灵活运用。

三、栽植施工技术

树木的栽植程序包括从起苗、运输、定植到栽后管理这四大环节中的所有工序,一般的工序和环节又包括栽植前的准备、放线、定点、挖穴、换土、掘苗、包装、运输、假植、修剪、栽植、栽后管理与现场清理等。所有这些工序或环节按顺序完成后,才能标志一个完整的栽植施工的完成,所以要把它们综合起来学习理解。

1. 园林树木栽植施工前的准备

（1）栽植前的准备。

①明确设计意图及施工任务量。在接受施工任务后，及时与工程主管部门及设计单位交流，明确工程范围及任务量、工程的施工期限、工程投资及设计概（预）算、设计意图。按照实际需要确定定点放线的依据、工程材料来源并排查运输情况。掌握施工地段的地上、地下情况，包括有关部门对地上物的保留和处理要求等；特别要了解地下各种电缆及管线的分布情况，以免施工时造成事故。

②编制施工组织计划。在明确设计意图及施工任务量的基础上，还应对施工现场进行调查，主要项目有了解施工现场的土质情况，确定施工方案并计算所需客土量；了解场地内的交通状况，是否方便各种施工车辆和吊装机械出入；了解供水、供电及生活设施是否完善等。根据所了解的情况和资料编制施工组织计划，其主要内容有：施工组织领导、施工程序及进度、劳动定额、机械及运输车辆使用计划及进度表，以及工程所需的材料、工具及提供材料工具的进度表，栽植工程的技术措施和安全、质量要求。绘制平面图对应在图上标出苗木假植位置、运输路线和灌溉设备等的位置。此外，还应制定施工预算。

（2）施工现场准备。

清除施工现场内生活、化工、建筑垃圾以及渣土等，需要进行拆迁和迁移的市政设施、房屋树木应提前做好准备，按照设计图纸进行地形整理，主要使其与四周道路、广场的标高合理衔接，使绿地排水系统通畅。有的地形较大，需用机械平整，需要事先了解地下管线的分布，避免施工过程中破坏管线。

2. 栽植地的整理与改良

土壤是苗木赖以生存的环境，施工前栽植地整理水平的高低，对树木成活率具有很大影响。整地主要包括栽植地地形、地势整理及土壤整理与土壤改良。

（1）地形、地势整理。

地形整理是指根据绿化设计图纸的要求，平整土地，清除障碍物，保持其在平面上的一致。地势整理应做好土方调度，先挖后垫，以节省投资。

地形、地势整理应相互结合，同时进行，并着重考虑绿地的排水问题。绿化排水主要依靠地面坡度，从地面自行径流排到道路旁的下水道或排水明沟，一般不需要埋设排水管道。所以要根据本地区排水的大趋向，将绿化地块适当填高，再整理成一定坡度，与本地区排水趋向保持一致。

（2）地面土壤整理。

树木定植前必须对土壤进行整理，给植物创造良好的生长环境。在园林中，整地形式主要分为全面整地和局部整地两种，播种、铺设草坪以及栽植灌木的地段，特别是要用灌木营造一定模纹效果的地面，应全面整地。实施全面整地时应进行全面翻耕，以此清除土壤中的建筑垃圾、石块、渣土等。进行全面整地的地段翻耕深度应保持 15~30 cm，整地过程中应将土块敲碎确保场地平整。针对小块分散绿地或坡度较大且易发生水土流失的山坡地需进行局部的块状或带状整地。局部整地过程中也要清理土壤中的垃圾杂物，夯实坑塘塘土，并结合栽植树木的实际需要对土壤施肥，随后混匀耙平耙细。

（3）土壤改良。

土壤改良是通过采用物理、化学和生物相结合的方式，改善土壤理化性质，进而提高土壤肥力的方法。土壤改良主要包括栽植前的整地、施基肥；栽植后的松土、施肥等。在建筑遗址、工程遗弃物、矿渣炉灰地修建绿地，应预先清除渣土并根据土质情况制定改良措施，必要时可进行换土，树木定植位置上的土壤改良一般在定点挖穴后进行。对于那些土层薄、土质较差而且土壤污染严重的绿化地段，应于树木栽植前实施填换土。需要换土的区域，应先运走杂石弃渣或被污染的土壤再填新土，填换土应结合竖向设计的标高或地貌造型来进行。

3.园林苗木的处理和运输

苗木的处理和运输包括苗木的起掘、修剪、包装、保护、处理和运输等环节和内容。

（1）苗木的处理和保护。

苗木的处理是指苗木从挖掘前直至栽植后，为提高苗木的成活率所采取的技术手段。比如，掘苗前进行适度的修剪，并对伤口进行处理，防止腐烂；

若苗木起挖过程中对土球造成一定的破损，需要对土球进行复原；苗木起挖后若短时间内不能装车运输，为避免风吹雨打和太阳暴晒，应对土球或者整个树体进行覆盖；苗木在装车后对其进行消毒处理；苗木运到栽植地后，为保持根系活力，栽植前对部分树苗的根系进行浸泡，如杨树等。这些处理手段和措施是苗木处理常见的方式，应视具体情况灵活运用。

①修剪。在起苗的过程中，无论施工人员怎样小心，总会无意损伤一部分根系和干枝。对受损干枝进行一定程度的修剪，既可以保持良好的树形，又能提高栽后成活率，也有利于起苗和运苗。修剪的内容主要有已经劈裂、严重磨损、生长不正常的偏根、过长根；在不影响树形美观的前提下采用截枝、疏枝、剪半叶或疏去部分叶片的方法修剪树枝，以减少蒸腾作用。较高的树木在栽植前就应进行第一次修剪，低矮树种可于栽后修剪，行道树分枝点应保持在 3.2 m 以上。阔叶落叶树栽植前应进行疏枝处理并剪除影响树形的枝条，以减少蒸腾面积、营造树形；针叶树可以只剪除萌芽较强树种的地上部分，以求发出更强的主干，而一般苗木则可不予修剪。裸根苗起苗后要进行剪根，适当剪短过长的主根及须根，除去受损根系和病虫根；带土球的苗木可将土球外边露出的较大根段的伤口剪齐，剪短过长须根。

起苗过程中不能采用完好土球的苗木，应剪除植株老根、烂根，用泥浆将裸根包实后，再用湿草和草袋包裹；装车前检查苗木并剪除枯黄枝叶，再根据土球完好程度适当剪除部分茎干，破损严重的要采取截干处理，再结合截枝整形等方法最大限度地保其成活。

②苗木的保护。苗木在挖掘前直至栽植后，为防止损伤、提高栽植成活率，必须采取一定的保护措施。比如，起挖规格较大的苗木时，在其即将倒地之前，事先用扶木对树冠进行支撑，以避免倒地时树冠中部分枝条被压断等。苗木的保护手段和措施的采用也应视具体情况灵活运用。

（2）苗木的运输。

苗木的运输包括前面提到的苗木的装车、苗木的运输和苗木的卸车。

4. 栽植穴的确定与要求

（1）栽植穴的确定。

栽植穴的确定是改地适树、协调栽植地与苗木之间的相互关系、为根系生长创造良好的环境、提高栽植成活率和促进树木生长的重要环节。首先要做好准备工作，即仔细查看种植设计施工图，明确其要求，然后通过平板仪、网格法、交会法等定点放线的方法确定栽植穴的位置，并在株位中心撒白灰或立标杆作为标记。在定点放线过程中，若发现设计与场地实际情况不符，如栽植的位置与建筑相冲突，应及时向设计单位和建设单位反馈，以便调整。

（2）刨坑（挖穴）。

挖穴的质量好坏是影响植株栽植后生长的主要因素。栽植乔木类树种还应提前开展刨坑工作。例如，栽植春檀，若能提前至上一年的秋冬季安排挖穴，可以促进基肥的分解和栽植土的风化，能够有效地提高成活率。

5. 栽植修剪

（1）栽植过程中的修剪整形。

栽植过程中的修剪整形，主要是对苗木根部和树冠进行修剪，以此培养良好的树形并减少蒸腾，从而提高成活率。

（2）栽后修剪。

树木在定植前一般都按照需求已进行了或多或少的修剪，但多数树木特别是中等以下规格的苗木都在定植后修剪或复剪，主要是复剪受伤枝条和栽后影响景观效果的枝条。规格较大的落叶乔木，尤其是生长势较强、容易抽出新枝的树木，都可进行强修剪，树冠可剪除 1/2 以上，这样既可减弱蒸腾作用，维持树体的水分平衡，还能降低树体重量，减轻根系负担，减弱风力对树冠的影响，避免招风摇动，增强苗木栽植后的稳定性。圆头形常绿乔木，若树冠枝条茂密，则可适量疏枝。具轮生侧枝的常绿乔木，如果要用做行道树，可将基部 2~3 层轮生侧枝剪除。常绿针叶树，修剪量不宜过大，只剪除病枝、枯枝、弱枝、过密的轮生枝和下垂枝即可。

枝条茂密的大灌木，可根据实际情况适量疏枝。嫁接灌木，应剪除接口以下砧木上的萌发新枝。如果小灌木分枝明显或者新枝着生花芽，应顺其树势适当强剪，更新老枝，促生新枝，以此培养良好树形。用作绿篱的灌木，可在种植完成后按设计要求修剪整形。双排绿篱应呈半丁字排列，树冠丰满，方向向外，栽后再统一修剪。在苗圃内已培育成形的绿篱，种植后应切合实际地加以整修。

攀缘类和藤蔓性苗木，可剪除过长部分。攀缘上架苗木，可剪除交错枝、横向生长枝。

6. 定植

定植是指按设计要求将苗木栽植到位、随后不再移动的程序。其操作顺序分配苗和栽苗。

7. 养护管理

养护管理是树木栽植中尤为重要的一项工作，也是确保栽植成活率的关键。栽植后的养护管理在前面已做详细介绍，这里所讲的仅是树木栽植工程按设计要求定植完毕后，短期内所做的养护管理工作。

定植完成后应立即灌透水，如超过一昼夜无雨应浇上头遍水；干旱或多风地区栽后还必须连夜浇水。浇水时一定要灌透树坑，确保土壤充分吸水，促进根系与土壤密切接合，保证苗木能够成活。浇水时应注意不要冲垮水堰，待水完全渗透后，立即检查苗木是否有倒伏现象并将之扶直，将塌陷处填实土壤，随后在表层覆盖细干土。第三遍浇水待渗透之后，可铲除水堰，将土堆于干基处，使其略高于地面。树木封堰后及时清理现场，保持场地清洁美观，并对受伤枝条或修剪不理想的进行复剪，最后设专人负责养护管理，避免新栽苗木遭到人畜破坏。

第三节　大树移植的施工

一、大树移植的特点

正常生长的大树，在移植之前其根系正处于离心生长过程中，骨干根基部的吸收根大部分离心死亡，有的甚至已达到最大限幅、停止生长。具有吸收能力的新生根系主要分布在树冠投影的邻近区域，若采取带土球移植，这样的体积根本无法到达目的地。也就是说，采用一般土球移植的技术，在挖掘范围内具有生命力的根系几乎不存在。如果强行移植，只能导致大树水分代谢平衡的严重失调甚至死亡。大树在绿地中一般孤植观赏，要求树冠保持优美姿态并生长旺盛，尽早发挥绿化效果、在移植前，绝大多数已经重新修剪过，因此只能在所带土球范围内，使用预先促发大量新根的方法来为代谢平衡打基础。为提高成活率，大树移植过程中还要与其他移栽措施相结合。

另外，大树移植的主要特点是大树具有庞大的身躯和重量，在移植过程中操作困难，常常需要借助机械力量，耗费大量的人力、物力，这也是它与移植一般苗木的最大区别。

二、大树移植前的准备工作

1. 选树

大树具有成形、成景、见效快的优点，但是种植困难、成本高。在设计上把大树设计在重点绿化景观区内，能够起到画龙点睛的作用。选树时，要善于发掘具有其特点的树种，对树种移植也要进行设计，安排大树移植的步骤、线路、方法等，这样才能保证大树的移植达到较好的效果。

进行大树的移植要了解以下几个方面，包括树种、年龄时期、干高、胸径、树高、冠幅、树形，尤其是树木的主要观赏面，要进行测量记录并摄像。

（1）树种。

对所选择的树种要充分了解其生长习性及生态特性并保存留档，树木成活的难易程度和生命周期的长短也要做详细记录。有些树种萌芽和再生能力强，移植成活率高，比如，杨、柳、梧桐、悬铃木、榆树、朴树等；有的萌芽和再生能力较弱，移植成活率较低，比如，白皮松、雪松、圆柏、柳杉等，最难成活的如云杉、冷杉、金钱松、胡桃等。不同树种生命周期的长短存在很大差异性，生命周期短的大树移植时需要花费较高成本，然而树体移植后就开始进入衰老阶段，并不能达到较理想的效果。因此，大树移植要选择寿命长、再生能力强的树种，即便规格很大，但种植后可以延续较长的年代，能够达到较好的绿化效果。

（2）树体。

大树移植的成本高、花费大，为降低耗费、保证成活率，在选树时要考虑以下几点。

①选好树相。大树移植工作完成后应能较快体现景观效果，树形不好的树木往往不予选择。因此移植前必须考虑树相，如栽植行道树，应选择树干

挺直、树冠丰满、遮阴效果佳、具有较高分支点的树种；选择庭荫树，在满足上述条件的同时，对树姿要求也比较严格。

②树体规格大小适宜。树体小，种植后美化效果不佳，需要较长时间才能满足需要，但这并不代表树体规格越大越好。规格越大，起苗、运输、栽植的花费就越高，而且树体越大适应能力越差，恢复移植前的生长水平越困难。除此之外，栽植后养护管理成本也会随着树木规格而上升。

③选择长势好并且年龄小的树木。处于青壮年时期的树木，细胞组织结构处于旺盛的阶段，在环境条件良好的地方生长健壮；在移植以后，尽管树体会遭到较为严重的伤害，但树体健壮，能快速融入新的生长环境，而且根系再生能力旺盛，具有在短时间内迅速恢复生长的潜能，因此移植的成活率高，成景效果好。由此可见，选择苗木时还要抓住树木年龄结构，选择能够使绿化环境快速形成、长期稳定，达到最优生态效果的树种。速生树种以10~20年生为宜，慢生树种应选20~30年生，一般树木以胸径15~25 cm、树高4 m以上为宜。

④就近选择有利于保证成活率。大树移植首先要考虑树种对周围环境的适应能力，就是同一树种在不同地区生态性也各不相同，只有树种的生长习性与移植地的生态环境相适应，才能保证较高的成活率，实现其景观价值。因此在移植大树时，应因地制宜，以乡土树种为主，尽量避免远距离调运大树，这样可以提高树木对生态环境的适应能力，从而达到较高的成活率，还能降低成本、提高经济效益。

2.资料准备

大树移植前必须了解以下资料。

（1）树木品种、树龄、定植时间、历年来养护管理情况，此外还要了解当前的生长状况、生枝能力、病虫害情况、根部生长情况，若根部情况不能掌握的要进行探根处理。

（2）对树木生长和种植地环境进行调查，分析树木与建筑物、架空线、共生树木之间的空间关系，营造施工、起吊、运输环境等条件。

（3）了解种植地的土质状况，研究地下水位、地下管线的分布，创造合理的生长环境条件，保证树木移植之后能够健康地生长。

3. 制订移植方案

根据以上准备的资料制订移植方案，方案中主要包括以下几项：种植季节、切根处理、修剪方法和修剪量、挖穴、起树、运输、种植技术与要求、支撑与固定、材料、机具准备、养护管理、应急救护及安全措施等。

4. 断根缩坨

断根缩坨也称回根法，古代称为盘根法。保证大树移植成活的关键是，挖掘土球要具有大量的吸收根系。因此，大树移植在挖苗的前几年，就需要采取断根缩坨的措施，只保留起苗范围以内的根系，从而利用根系所具有的再生能力进行断根刺激。利用这种方法使主要的吸收根缩回到主干根附近，促使树木形成紧凑、密集的吸收根系，同时还能有效地减小土球体积并减少其重量，降低移植成本。树木断根缩坨一般控制在 1~3a 完成，采取分段式操作，以根茎为中心，以胸径 3~4 倍为半径在干周画圆圈，选相应的 2~3 个方向挖宽 30~40 cm、深 60~80 cm 的沟，下面遇粗根沿沟内壁用枝剪和手锯切断，将伤口修整平滑后，还要涂上保护材料加以保护。为防止根系腐烂，还可用酒精喷灯将切断根系烧至炭化。对于发根困难的树种，还可以用涂生根粉的方法促进其愈合生根。断根工作完成以后，将挖出土壤清理干净并混入肥料后，重新填入沟内，浇水渗透，随后在地表覆盖一层松土。松土要高于地面，为促进大树生根还要定期浇水。第二年再利用同样的方法在另外 2~3 个方向挖沟断根，若苗木生长正常，第三年时即可挖出移植。在一些地方，如果环境条件允许，也可分早春、晚秋两次进行断根缩坨，第二年移植。虽然这种方法耗时较少，但同样会有不错的效果。

然而在实际工作中，很多地方绿化移植大树缺乏长远计划，为了满足当前利益，在移植中很少采取此种措施，从而导致树木生长不良甚至死亡。

5. 平衡修剪

树体地下部分和地上部分对水分的吸收与蒸腾是否能够达到平衡，是影响大树移植成活的关键。因此，为保证大树成活、促进须根的生长，移植前应对树冠进行修剪，适当减少枝叶量。树冠的修剪常以疏枝为主、短截为辅，修剪强度应综合考虑，如树木种类、移植季节、挖掘方式、运输条件、种植地条件等因素。一般常绿树种可轻剪，落叶树宜重剪；有的树种再生能力强、生长速度快，如悬铃木、杨、柳等，可适当进行重剪，而有些树种再生能力弱、生长速度慢，如银杏和大部分多针叶树等，则应轻剪，有的甚至不剪；在非适宜季节移植的树木应重剪，而正常移植季节则可轻剪；萌芽力强、树龄大、规格大、叶薄而稠密的修剪量可大些，而萌芽力不强、树龄小、规格小、叶厚而稀疏的可根据情况适当减小。对某些特定的树种，对树形要求严格，如塔松、白玉兰等，修剪强度要根据具体需要而定，可以根据实际情况只剪除枯枝、病虫枝、扰乱树形的枝条。这样在满足树形要求的同时，还能保证树木的成活率。

大树移植修剪要遵循以下原则：一般的落叶树可抽稀后进行强截，但要多保留生长枝和萌生的强枝，修剪量可达 3/5~9/10；修剪常绿阔叶树时，可以采用收冠的方法，截去外围枝条，适当抽稀树冠内部不必要的弱枝，多留较为强壮的萌生枝，修剪量可达 1/3~3/5；针叶树以疏树冠外围枝为主，修剪量可达 1/5~2/5。适宜季节移植的大树修剪时修剪量取前限，而非适宜季节移植及特殊情况下则采取后限。目前，树木移植进行树冠修剪主要可以采用以下三种方法。

（1）全株式。

为避免破坏景观效果，完全保留树冠原始形态，只修剪树体内的徒长枝、交叉枝、病虫枝、枯死枝等。这种修剪方式适用于常绿树种和珍贵树种，如雪松、云杉、乔松、玉兰等树种。

（2）截枝式（也称为鹿角状截枝）。

针对保留树冠的大小、运输便利、栽植方便的树种，将树木的一级分枝或二级分枝保留，以上部分截除。生长发枝中等的落叶树种以及需要通过修剪确保成活，短时间达到良好景观效果的苗木常采用该方式。

（3）截干式。

截干式是指将主干上部整个树冠截除，只保留根与主干的修剪方式，是修剪生长速度快、发枝强的树种时经常采用的修剪方式。目前城市中落叶树种大树移植，尤其是北方落叶树种大树移植应用该法更为广泛。该修剪方式的优点是成活率高，但需要一定时间才能恢复到较为理想的景观效果。

三、大树移植的技术措施

1. 移植季节

（1）落叶树栽植应在3月左右进行，常绿树应在树木开始萌动的4月上、中旬进行移植。

（2）不论常绿树种还是落叶树，凡没有在以上时间移植的树木均以非正常移植对待，养护管理则根据非季节移植技术处理。

严格来讲，大树移植一般所带土球规格都比较大，在施工过程中如果按照执行操作规程严格进行，并注意栽植后的养护管理，按理说在任何时间都可以进行大树移植工作。但在实际操作过程中，最佳移植时间是早春，因为随着天气变暖，树液开始流动，树木开始生长、发芽，如果在这个时间挖苗，对根系损伤程度较低，而且有利于受伤根系的愈合生长；苗木移植后，经过从早春到晚秋的正常生长，移植过程中受到伤害的部分也完全恢复，有利于树木躲避严寒，顺利过冬。在春季树木开始发芽而树叶还没全部长成以前，树木的蒸腾作用还未达到最旺盛时期，此时采取带土球技术移植大树，尽量缩短土球在空气中暴露时间并加强栽后养护工作，也能保持大树较高的成活率。盛夏季节，由于树木的蒸腾量大，在此季节对大树移植往往成活率较低，在必要时可加大土球，增加修剪、遮阴等技术措施，尽量降低树木的蒸腾量，也可以保证大树的成活率，但花费较多。在南方的梅雨季节，空气中的湿度较大，这样的环境有利于带土球移植一些针叶树种。深秋及初冬季节，从树木开始落叶到气温不低于−15℃这一段时间，也可以进行大树移植工作。虽然这段时间，大树地上部分已经进入休眠阶段，但地下根系尚未完全停止活动，移植时损伤根系还可以利用这段时间愈合复原，为第二年春季发芽创造有利条件。南方地区，特别是那些常年气温不是很低而湿度较大的地区，一年四季均可移植，而且部分落叶树还可以采取裸根移植法。

2. 起掘前的准备工作

（1）浇水。

为避免挖掘时土壤过干而使土球松散，应在移植前1~2 d，根据土壤干湿程度对移植树木进行适当浇水。

（2）定位。

定植前时应根据树冠的形态做好定位工作，以满足种植后要达到的景观效果。

（3）扎冠。

为缩小树冠伸展面积、方便挖掘，同时避免折损枝条，应在挖掘前对树冠进行捆扎，扎冠顺序应由上至下、由内至外，依次收紧。大树扎缚处要垫橡皮等软物，不可以强硬地拉拽树木。树干、主枝用草片进行包扎后，挖出前必须拉好防风绳，其中一根必须在主风向，其他两根可均匀分布。

3. 移植方法

当前较常使用的大树移植挖掘和包装方法主要有以下几种。

（1）移树机移植法。

大树移植机是一种安装在卡车或拖拉机上的、装有操纵尾部四扇能张合的匙状大铲的移树机械。目前生产的移植机，主要适用于移植胸径 25 cm 以下的乔木。移植时应先用四扇匙状大铲在栽植点确定好预先测定尺寸大小的坑穴，随即将铲扩张至适宜大小向下铲，直至铲子相互合并，等抱起的土块呈圆锥形后收起，即完成挖穴操作。为便于起树操作，应根据情况把有碍施工的干基枝条预先进行铲除，随后用草绳捆拢松散枝条。移植机停在适合挖掘树木的位置，张开匙铲围在树干四周一定位置，开机下铲直至相互合并，收提匙铲将树抱起，树梢向前，匙铲在后，横卧于车上，即可开到预先安排好的栽植点。直接对准位置放正，放入事先挖好的坑穴中，填土入缝，整平作堰，灌足水即可。对于交通方便、远距段的平坦圃地采用移植机移植，可以提高效率。采用移植机移植法与传统的大树移植相比，其优点在于使原来分步进行的众多环节连为一体，诸如挖穴、起树、吊、运、栽等，使之成为真正意义上的随挖、随运、随栽的流水作业，并免去许多费工的辅助操作，在今后大树移植工作中将广为应用。

（2）冻土移植法。

由于冻土移植法是在冬闲时间进行，可以节省时间，而且可以减轻包装和运输压力。此法适用于当地耐寒乡土树种，对于冬季土壤冻结不深的地区，要预先用水对根系部分进行灌注，至土球冻结深度达 20 cm 时，便可开始挖掘土球。挖好的树如短期内不能栽完，应用枯草落叶进行覆盖，避免晒化或寒风侵袭造成根系破坏。苗木运输应选择河道充分冻结时期，若需在地面上运输还应事先修平泥土地，选择泼水之后能够迅速冻结的时期或利用夜间低温时泼水形成冰层，从而减小拖拉的摩擦阻力。

（3）大树裸根移植法。

此法适用于移植容易成活、主干直径在10~20 cm的落叶乔木，如杨、柳、槐树、银杏、合欢、柿子、乌桕、椠树、元宝枫等。裸根移植大树必须在落叶后至萌芽前这一段时间进行。有些树种仅宜春季进行移植，土壤冻结期不宜进行。对潜伏芽寿命长的树木，地上部分除留一定的主枝、副主枝外，可对树冠进行重新修剪，但慢长树不可修剪过重，以免对移栽后的效果造成影响。将大树挖掘出来以后，用尖镐由根茎向外去土，注意尽量降低对树皮和根的影响。过重的宜用起重机吊装，其他要求同一般裸根苗，要特别注意保持根部的湿润。未能及时定植应假植，但时间不能过长，以免对成活率造成影响。栽植穴应比根幅与深度大20~30 cm。栽植时应使用立柱，其他养护措施同裸根苗。萌芽后应注意选留合适枝芽培养树形、其他不必要的部分要剥去。

（4）软材料包装移植法。

此法主要在挖掘圆形土球、树木胸径10~15 cm或稍大一些的常绿乔木时采用。

（5）土木箱移植法。

此法适用于挖掘方形土台、树木胸径15~25 cm的常绿乔木。

第五章　园林花卉栽培与养护技术

第一节　园林花卉无土栽培

一、无土栽培的概念与特点

无土栽培是近年来在花卉工厂化生产中较为普及的一种新技术。它是用非土基质和人工营养液代替天然土壤栽培花卉的新技术。早在1699年英国科学家伍德华德（Woodward）就开始研究无土栽培研究，他分别用雨水、河水和花园土浸出的水来培养薄荷，研究结果表明，花园土浸出的水种植的薄荷生长得最好，因此得出结论：植物的生长是由土壤中的某些物质决定的。1840年，德国化学家李比希（Liebig）提出植物矿质营养学说。1860年，克诺普（Knop）和萨克斯（Sachs）第一次进行无土栽培的精确实验，用无机盐制成的人工营养液栽培植物获得成功，植株在营养液中正常生长并结出种子，标志着营养液技术已经成熟。

无土栽培的历史虽然悠久，但是真正的发展始于1970年丹麦Grodan公司开发的岩棉栽培技术和1973年英国温室作物研究所的营养液膜技术（NFT）。近几十年来，无土栽培技术发展极其迅速。目前，在美国、英国、俄罗斯、法国、加拿大等发达国家应用广泛。

无土栽培有下列优点。①环境条件易于控制。无土栽培不仅可使花卉得到足够的水分、无机营养和空气，并且这些条件更便于人工控制。②省水省肥。无土栽培为封闭循环系统，耗水量仅为土壤栽培的1/7~1/5，同时避免了肥料被土壤固定和流失的问题，肥料的利用率提高了一倍以上。③扩大了花卉种植的范围，在沙漠、盐碱地、海岛、荒山、砾石地或沙漠都可以进行，规模可大可小。④节省劳动力和时间。无土栽培许多操作管理都是机械化、自动化的，大大减轻了劳动强度。⑤无杂草、无病虫、清洁卫生，因为没有土壤，病虫害的来源得到控制，病虫害减少了。

无土栽培的缺点如下。①一次性设备投资较大。无土栽培需要许多设备，如水培槽、营养液池、循环系统等，故投资较大。②对技术水平要求高。营养液的配置、调整与管理都要求具有一定专业知识的人才能管理好。

二、无土栽培类型与方法

无土栽培的基本原理，就是不用天然土壤而根据不同植物的生长发育所必需的环境条件，尤其是根系生长所必需的条件，包括营养、水分、酸碱度、通气状况及根际温度等，设计满足这些基本条件的装置和栽培方式来进行不需要土壤的植物栽培。因此，要掌握好无土栽培的技术，不仅要了解植物栽培有关知识，而且要掌握营养液的管理技术。无土栽培可人工创造良好的根际环境以取代土壤环境，有效防止土壤连作病害及土壤盐分积累造成的生理障碍，充分满足植物对矿质营养、水分、气体等环境条件的需要。

无土栽培的方式很多，大体上可分为两类：一类是固体基质固定根部的基质培；另一类是不用基质的水培。

（一）基质培及设备

在基质无土栽培系统中，固体基质的主要作用是支持花卉的根系及提供花卉的水分和营养元素。供液系统有开路系统和闭路系统，开路系统的营养液不循环利用，而闭路系统中营养液循环使用。由于闭路系统的设施投资较高，而且营养液的管理比较复杂，所以在我国基质培只采用开路系统。与水培相比较，基质培缓冲性强、栽培技术较易掌握、栽培设备易建造、成本低，因此在世界各国的基质培面积均大于水培，我国更是如此。

1.栽培基质

（1）对基质的要求。

用于无土栽培的基质种类很多，主要分为有机基质和无机基质两大类。

基质要求有较强的吸水和保水能力、无杂质、无病虫、卫生、价格低廉、获取容易，同时还需要有较好的物理化学性质。无土栽培对基质的理化性质的要求有以下几点。

①基质的物理性状。

a. 容重。一般基质的容重在 0.1~0.8 g/cm³ 范围内。容重过大基质过于紧实，透水透气性差；容重过小，则基质过于疏松，虽然透气性好，利于根系的伸展，但不易固定植株，给管理上增加难度。

b. 总孔隙度。总孔隙度大的基质，其空气和水的容纳空间就大，反之则小；总孔隙度大的基质较轻、疏松，利于植株的生长，但对根系的支撑和固定作用较差，易倒伏；总孔隙度小的基质较重，水和空气的总容量少。因此，为了克服单一基质总孔隙度过大和过小所产生的弊病，在实际中常将两三种不同颗粒大小的基质混合制成复合基质来使用。

c. 大小孔隙比。大小空隙比能够反映基质中水、气之间的状况。如果大小孔隙比大，则说明空气容量大而持水量较小，反之则空气容量小而持水量大。一般而言，大小空隙比在 1.5~4.0 范围内花卉都能良好生长。

d. 基质颗粒大小。基质的颗粒大小直接影响容重、总孔隙度、大小空隙比。无土栽培基质粒径一般在 0.5~50.0 mm。可以根据栽培花卉种类、根系生长特点、当地资源加以选择。

②基质化学性质。

a. pH 值。不同基质其 pH 值不同，在使用前必须检测基质的 pH 值，根据栽培花卉所需的 pH 值采取相应的基质。

b. 电导率（EC）。电导率是指未加入营养液前基质本身原有的电导率，反映了基质含有可溶性盐分的多少，将直接影响到营养液的平衡。使用基质前应对其电导率了解清楚，以便适当处理。

c. 阳离子代换量。阳离子代换量是指在 pH=7 时测定的可替换的阳离子含量。基质的阳离子代换量高既有不利的一面，即影响营养液的平衡；也有有利的一面，即保存养分、减少损失，并对营养液的酸碱反应有缓冲作用。一般有机基质如树皮、锯末、草炭等阳离子代换量高，无机基质中蛭石的阳离子代换量高，而其他基质的阳离子代换量都很小。

d. 基质缓冲能力。基质缓冲能力是指基质中加入酸碱物质后，本身所具有的缓和酸碱变化的能力。无土栽培时要求基质缓冲能力越强越好。一般阳离子代换量高的基质的缓冲能力也高。

（2）常用的无土栽培基质。

①无机基质。

a. 岩棉。岩棉由辉绿岩、石灰岩和焦炭三种物质按一定比例，在1 600 ℃的高炉中融化、冷却、黏合压制而成。其优点是经过高温完全消毒，有一定形状，在栽培过程中不变形，具有较高的持水量和较低的水分张力，栽培初期pH值是微碱性。缺点是岩棉本身的缓冲性能低，对灌溉水要求较高。

b. 珍珠岩。珍珠岩由硅质火山岩在1200 ℃下燃烧膨胀而成。珍珠岩易于排水、通气，物理和化学性质比较稳定。珍珠岩不适宜单独作为基质使用，因其容重较轻，根系固定效果较差，一般和草炭、蛭石混合使用。

c. 蛭石。蛭石是由云母类矿石加热到800~1 100 ℃形成的。其优点是质轻，孔隙度大，通透性好，持水力强，pH值中性偏酸，含钙、钾较多，具有良好的保温、隔热、通气、保水、保肥能力。因为蛭石经过高温煅烧，无菌、无毒，化学稳定性好。

d. 沙。沙为无土栽培最早应用的基质。目前在美国亚利桑那州、中东地区以及沙漠地带，都用沙做无土栽培基质。其特点是来源丰富、价格低，但容重大、持水差。沙粒的大小应适当，一般以粒径0.6~2.0 mm为好。在生产中，严禁采用石灰岩质的沙粒，以免影响营养液的pH值，使一部分营养失效。

e. 砾石。一般使用的粒径在1.6~20.0 mm的范围内。砾石保水、保肥力较沙低，通透性优于沙。生产中一般选用非石灰性的为好。

f. 陶粒。陶粒是大小均匀的团粒状火烧豆页岩，采用800 ℃高温烧制而成。内部为蜂窝状的空隙构造，容重为500 kg/m³。陶粒的优点是能漂浮在水面上、透气性好。

g. 炉渣。炉渣是煤燃烧后的残渣，来源广泛、通透性好。炉渣不宜单独用作基质。使用前要进行过筛，选择适宜的颗粒。

h. 泡沫塑料颗粒。泡沫塑料颗粒为人工合成物质，其特点为质轻、孔隙度大、吸水力强。一般多与沙、泥炭等混合应用。

②有机基质。

a. 泥炭。泥炭又称草炭，由半分解的植被组成，因植被母质、分解程度、矿质含量不同而又分为不同种类。

泥炭容重较小，富含有机质，持水保水能力强，偏酸性，含花卉所需要的营养成分。一般通透性差，很少单独使用，常与其他基质混合使用。

b. 锯末与木屑。锯末与木屑为林木加工副产品，锯末质轻，吸水、保水力强并含有一定营养物质，一般多与其他基质混合使用。注意含有毒物质的树种锯末不宜采用。

c. 树皮。树皮的化学组成因树种的不同差异很大。大多数树皮含有酚类物质且 C/N 较高，因此新鲜的树皮应堆沤一个月以上再使用。树皮有很多种大小颗粒可供利用，在无土栽培中最常用直径为 1.5~6.0 mm 的颗粒。

d. 秸秆。农作物的秸秆均是较好的基质材料，如玉米秸秆、葵花秆、小麦秆等粉碎腐熟后与其他基质混合使用。特点是取材广泛、价格低廉，可对大量废弃秸秆进行再利用。

e. 炭化稻壳。其特点为质轻、孔隙度大、通透性好、持水力较强、含钾等多种营养成分，但 pH 值高，使用中应注意调整。

此外用作栽培基质的还有砖块、火山灰、花泥、椰子纤维、木炭、蔗渣、苔藓、蕨根、沼渣、菇渣等。

（3）基质的混合及配制。

在各种基质中，有些可以单独使用，有些则需要按不同的配比混合使用。但就栽培效果而言，混合基质优于单一基质，有机与无机混合基质优于纯有机或纯无机混合的基质。基质混合总的要求是降低基质的容重，增加孔隙度，增加水分和空气的含量。

基质的混合使用，以 2~3 种混合为宜。国内无土栽培中常用的一些混合基质如下。

草炭：蛭石为 1：1。

草炭：蛭石：珍珠岩为 1：1：1。

草炭：炉渣为 1：1。

国外无土栽培中常用的一些混合基质如下。

草炭：珍珠岩：沙为 2：2：3。

草炭∶珍珠岩为1∶1。

草炭∶沙为1∶1或1∶3。

草炭∶珍珠岩∶蛭石为2∶1∶1。

在混合基质时，不同的基质应加入一定量的营养元素并搅拌均匀。

（4）基质的消毒。

大部分基质在使用之前或使用一茬之后，都应该进行消毒，避免病虫害发生。常用的消毒方法有蒸汽消毒、化学药剂消毒、太阳能消毒等。

①蒸汽消毒。将基质堆成20 cm高，长度根据地形而定，全部用防水防高温布盖上，用通气管通入蒸汽进行密闭消毒。一般在70~90℃条件下消毒1h就能杀死病菌。此法效果良好，安全可靠，但成本较高。

②太阳能消毒。在夏季高温季节，在温室或大棚中把基质堆成20~25 cm高，长度视情况而定，堆的同时喷湿基质，使其含水量超过80%，然后用薄膜盖严，密闭温室或大棚，暴晒10~15 d，消毒效果良好。

③化学药剂消毒。

a.甲醛。甲醛是良好的消毒剂，一般将40%的原液稀释50倍，用喷壶将基质均匀喷湿，覆盖塑料薄膜，经24~26 h后揭膜，再风干2 w后使用。

b.溴甲烷。将基质堆起，用塑料管将药剂引入基质中，使用量为100~150 g/m³，基质施药后，随即用塑料薄膜盖严，5~7 d后去掉薄膜，晒7~10 d后即可使用。溴甲烷有剧毒，并且是强致癌物，使用时要注意安全。

2.基质培的方法及设备

（1）槽培。

槽培是将基质装入一定容积的栽培槽中以种植花卉的方法。可用混凝土和砖建造永久性的栽培槽。槽宽一般为1.2 m，深15~30 cm，槽内刷一层沥青或用塑料薄膜做衬里，水槽上面的种植床深5~10 cm，底部托一层金属或塑料网，种植床内覆盖约5 cm厚的基质，如泥炭、木屑、谷壳、干草等。槽内营养液在播种或移植时，液面稍高，离种植床面1~3 cm，以不浸湿种植床面为宜。待植物的根系逐渐伸长，可随根加长使营养液面下降，以离床面5~8 cm为宜。槽内的装置要有出水和进水管，用来调整液面高度。

目前应用较为广泛的是在温室地面上直接用砖垒成栽培槽，为降低生产成本，也可就地挖成槽再铺薄膜。总的要求是防止渗漏并使基质与土壤隔离，通常可在槽底铺 2 层薄膜。

栽培槽的大小和形状取决于不同花卉，如每槽种植两行，槽宽一般为 0.48 m（内径）；如多行种植，只要方便田间管理即可。栽培槽的深度以 15~20 cm 为好，槽长可由灌溉能力、温室结构以及田间操作所需走道等因素来决定。槽的坡度至少应为 0.4%，这是为了获得良好排水性能，如有条件，还可在槽底铺设排水管。

基质装槽后，布设滴灌管，营养液可由水泵泵入滴灌系统后供给植株，也可利用重力法供液，不需动力。

（2）袋培。

用尼龙袋或抗紫外线的聚乙烯塑料袋装入基质进行栽培。在光照较强的地区，塑料袋表面以白色为好，以便反射阳光并防止基质升温；光照较少的地区，袋表面以黑色为好，以利于冬季吸收热量，保持袋中基质温度。

袋培的方式有两种：一种为开口筒式袋培，每袋装基质 10~15 L，种植一株花卉；另一种为枕式袋培，每袋装基质 20~30 L，种植两株花卉。无论是筒式袋培还是枕式袋培，袋的底部或两侧都应该开两三个直径为 0.5~1.0 cm 的小孔，以便多余的营养液从孔中流出，防止根系腐烂。

（3）岩棉栽培。

岩棉栽培是指使用定型的、用塑料薄膜包裹的岩棉种植垫做基质，种植时在其表面塑料薄膜上开孔，安放已经育好小苗的育苗块，然后向岩棉种植垫中滴加营养液的一种无土栽培方式。开放式岩棉栽培营养液灌溉均匀、准确使用，而且一旦水泵或供液系统发生故障有缓冲能力，对花卉造成的损失也较小。

岩棉栽培时需用岩棉块育苗，育苗时将岩棉根据花卉切成一定大小，除了上下两面外，岩棉块的四周用黑色塑料薄膜包上，以防止水分蒸发和盐类在岩棉块周围积累，还可以提高岩棉块温度。种子可以直播在岩棉块中，也可以将种子播在育苗盘或较小的岩棉块中，当幼苗第一片真叶出现时，再移栽至大岩棉块中。

定植用的岩棉垫一般长 70~100 cm、宽 15~30 cm、高 7~10 cm，岩棉垫装在塑料袋内。定植前将温室内土地平整，必要时铺上白色塑料薄膜。放置岩棉垫时，注意要稍向一面倾斜，并在倾斜方向把塑料底部钻2~3个排水孔。在袋上开两个8 cm见方的定植孔，用滴灌的方法把营养液滴入岩棉块中，使之浸透后定植。每个岩棉垫种植2株。定植后即把滴灌管固定在岩棉块上，让营养液从岩棉块上往下滴，保持岩棉块湿润，促使根系迅速生长。7~10 d后，根系扎入岩棉垫，可把滴灌头插到岩棉垫上，以保持根基部干燥。

（4）立体栽培。

立体栽培也称为垂直栽培，是通过竖立起来的栽培柱或其他形式作为花卉生长的载体，充分利用温室空间和太阳能，发挥有限地面生产潜力的一种无土栽培形式。该法主要适合一些低矮花卉。立体栽培依其所用材料的硬度，又分为柱状栽培和长袋栽培。

①柱状栽培。

栽培柱采用石棉水泥管或硬质塑料管，在管四周按螺旋位置开孔，植株种植在孔中的基质中。也可采用专用的无土栽培柱，栽培柱由若干个短的模型管构成。每一个模型管上有几个突出的杯形物，用以种植花卉。一般采取底部供液或上部供液的开放式滴灌供液。

②长袋状栽培。

长袋状栽培是柱状栽培的简化，用聚乙烯袋代替硬管。栽培袋采用直径15 cm、厚0.15 mm的聚乙烯膜，长度一般为2 m，内装栽培基项，装满后将上下两端结紧，然后悬挂在温室中。袋子的周围开一些2.5~5.0 cm的孔，用以种植花卉。一般采用上部供液的开放式滴灌供液方式。

立柱式盆钵无土栽培将一个个定型的塑料盆填装基质后上下叠放，栽培孔交错排列，保证花卉均匀受光。供液管道由上而下供液。

（5）有机生态型无土栽培。

有机生态型无土栽培也使用基质，但不用传统的营养液灌溉，而使用有机固态肥并直接用清水灌溉花卉。有机生态型无土栽培用固态有机肥取代传统的营养液，具有操作简单、一次性投资少、节约生产成本、对环境无污染、产品品质优良无公害的优点。

（二）水培方法与类型

水培就是将花卉的根系悬浮在装有营养液的栽培容器中，营养液不断循环流动以改善供氧条件。水培方式主要有以下几种。

1. 薄层营养液膜法（NFT）

仅有一薄层营养液流经栽培容器的底部，不断供给花卉所需营养、水分和氧气。NFT 的设施主要由种植槽、贮液池、营养液循环流动三个主要部分组成。

（1）种植槽。

种植槽可以用面白底黑的聚乙烯薄膜临时围合成等腰三角形槽，或用玻璃钢或水泥制成的波纹瓦作槽底，铺在预先平整压实的、且有一定坡降（1∶75 左右）地面上，长边与坡降方向平行。因为营养液需要从槽的高端流向低端，故槽底的地面不能有坑洼，以免槽内积水。用硬板垫槽，可调整坡降，坡降不要太小，也不要太大，以保证营养液能在槽内浅层流动畅顺为好。

（2）贮液池。

贮液池一般设在地平面以下，容量足够供应全部种植面积。大株形花卉每株 3~5 L 计，小株形以每株 1.0~1.5 L 计。

（3）营养液循环供液系统。

该系统主要由水泵、管道、过滤器及流量调节阀等组成。

NFT 的供液时营养液层深度不宜超过 1~2 cm，供液方法又可分为连续式或间歇式两种类型。间歇式供液可以节约能源，也可控制花卉的生长发育，它的特点是在连续供液系统的基础上加一个定时装置。NFT 的特点是能不断供给花卉所需的营养、水分和氧气。但因营养液层薄、栽培难度大，尤其在遇短期停电时，花卉就会面临水分胁迫，甚至有枯死的危险。

2. 深液流法（DFT）

这种栽培方式与营养液膜技术差不多，不同之处是槽内的营养液层较深（5~10 cm），花卉根部浸泡在营养液中，其根系的通气靠向营养液中加氧来解决。这种系统的优点是解决了在停电期间 NFT 系统不能正常运转的缺点。

3. 动态浮根法（DRF）

该系统是指在栽培床内进行营养液灌溉时，植物的根系随营养液的液位变化而上下左右波动。营养液达到设定的深度（一般为 8 cm）后，栽培床内的自动排液器将营养液排出去，使水位降至设定深度（一般 4 cm）。此时上部根系暴露在空气中可以吸收氧气，下部根系浸在营养液中不断吸收水分和养料，不会因夏季高温使营养液温度上升、氧气溶解度低，可以满足植物的需要。

4. 浮板毛管法（FCH）

该方法是在 DFT 的基础上增加一块厚 2 cm、宽 12 cm 的泡沫塑料板，板上覆盖亲水性无纺布，两侧延伸入营养液中。通过毛细管作用，使浮板始终保持湿润。根系可以在泡沫塑料板上生长，便于吸收水中的养分和空气中的氧气。此法根际环境稳定、液温变化小、供氧充分。

5. 鲁 SC 系统

鲁 SC 系统又称"基质水培法"，在栽培槽中填入 10 cm 厚的基质，然后又用营养液循环灌溉植物。这种方法可以稳定地供应水分和养分，所以栽培效果良好，但一次性的投资成本稍高。

三、无土栽培营养液的配制与管理

无土栽培的营养液是栽培植物过程中很重要的内容，不同花卉植物对营养液的要求不同，主要与营养液的配方、浓度和酸碱度等有关。

（一）营养液的配制

营养液包括水、大量元素、微量元素和超微量元素。无土栽培主要采用矿物质营养元素来配制营养液。要使营养液具备植物正常生长所需的元素且易被植物利用，是配制营养液时首先要考虑的。

1. 营养液配制原则

（1）营养液必须含有植物生长所必需的全部营养元素。高等植物必需的营养元素有 16 种，其中碳、氢、氧由水和空气供给，其余 13 种由根部从土壤溶液中吸收，所以营养液均是由含有这 13 种营养元素的各种化合物组成的。

（2）含各种营养元素的化合物必须是根部可以吸收的状态，也就是可以溶于液水的呈离子态的化合物。大多都是无机盐类，也有一些是有机螯合物。

（3）营养液中各种营养元素的数量比例应符合植物生长发育的要求，而且是均衡的。营养液浓度对花卉植物生长的影响很大。矿物质营养元素一般应控制在千分之四以内。浓度太高，易造成根系失水，植株死亡；浓度太低，易导致营养不足，植物生长不良。

（4）营养液中各营养元素的无机盐类构成的总盐浓度及其酸碱反应应是符合植物生长要求的。

（5）组成营养液的各种化合物，在栽培植物的过程中，应在较长时间内保持其有效状态。

（6）组成营养液的各种化合物的总体，在根吸收过程中造成的生理酸碱反应应是比较平衡的。

营养液的酸碱度（pH 值）是由水中的氢离子和氢氧离子浓度决定的。营养液中氢离子浓度增大时，使 pH 值小于 7，溶液呈酸性；营养液中氢氧离子浓度增大时，使 pH 值大于 7，溶液呈碱性。

溶液的 pH 值小于 4.5，为强酸性；溶液的 pH 值为 4.6~5.5，为酸性；pH 值为 5.6~6.5，为微酸性；pH 值为 6.6~7.4，为中性；pH 值为 7.5~8.0，为微碱性；pH 值为 8.1~9.0，为碱性；pH 值大于 9.0，为强碱性。

营养液的 pH 值关系到肥料的溶解度和植物细胞原生质膜对营养元素的通透性，直接影响到养分的存在状态、转化和有效性，因而是非常重要的。pH 值对营养液肥效的影响有以下几种：一是直接影响植物吸收离子的能力；二是影响营养元素的有效性。对绝大多数植物而言，适宜的 pH 值是 5.5~7.0，为了使营养液的 pH 值处在适合的范围内，营养液配制好后应予以测定和调整其 pH 值。

2. 营养液的组成

营养液是将含有各种植物营养元素的化合物溶解于水中配制而成，其主要原料就是水和各种含有营养元素的化合物。

（1）水。

无土栽培中对用于配制营养液的水源和水质都有一些具体的要求。

①水源。自来水、井水、河水、雨水和湖水都可用于营养液的配制。但无论用哪种水源都不能有病菌、不影响营养液的组成和浓度。所以使用前必须对水质进行检查化验，以确定其可用性。

②水质。用来配制营养液的水，硬度以不超过 10° 为好，pH 值在 6.5~8.5

之间，溶氧接近饱和。此外，水中重金属及其他有害健康的元素不得超过最高容许值。

（2）含有营养元素的化合物。

根据化合物纯度的不同，一般可以分为化学药剂、医用化合物、工业用化合物和农业用化合物。考虑到无土栽培的成本，配制营养液的大量元素时通常使用价格便宜的农用化肥。

（3）络合物。

络合物是一个金属离子与一个有机分子中两个赐予电子的基形成的环状构造化合物。金属离子被螯合剂的有机分子络合后，推动其离子性能，就不再容易发生化学反应而沉淀，但仍能被植物吸收。微量元素中以铁最易于络合，其次为铜、锌，再次为锰、镁。

3. 营养液配方的计算

一般在进行营养液配方计算时，应为钙的需要量大，并在大多数情况下以硝酸钙为唯一钙源，所以计算时先从钙的量开始，钙的量满足后，再计算其他元素的量。一般依次是氮、磷、钾，最后计算镁，因为镁与其他元素互不影响。微量元素需要量少，在营养液中浓度又非常低，所以每个元素单独计算，而无须考虑对其他元素的影响。无土栽培营养液配方的计算有3种较常用的方法：一是百分率（10~6）单位配方计算法；二是mmol/L计算法；三是根据1 mg/kg元素所需肥料用量，乘以该元素所需的mg/kg数，即可求出营养液中该元素所需的肥料用量。

计算顺序：①配方中1L营养液中需钙的数量（mg数），先求出硝酸钙的用量；②计算硝酸钙中同时提供的氮的浓度数；③计算所需硝酸铵的用量；④计算硝酸钾的用量；⑤计算所需磷酸二氢钾和硫酸钾的用量；⑥计算所需硫酸镁的用量；⑦计算所需微量元素用量。

4. 营养液配制的方法

因为营养液中含有钙、镁、铁、锰、磷酸根和硫酸根等离子，配制过程中掌握不好就容易产生沉淀。为了生产上的方便，配制营养液时一般先配制浓缩贮备液（母液），然后再稀释，混合配制工作营养液（栽培营养液）。

（1）母液的配制。母液一般分为A、B、C三种，称为A母液、B母液、C母液。A母液以钙盐为主，凡不与钙作用而产生沉淀的盐类都可配成A母液。

以磷酸根形成沉淀的盐都可以配成 B 母液。C 母液由铁和微量元素配制而成。

（2）工作液的配制。在配制工作营养液时，为了防止沉淀形成，配制时先加九成的水，然后依次加入 A 母液、B 母液和 C 母液，最后定容。配置好后调整酸度和测试营养液的 pH 值和 EC 值，看是否与预配的值相符。

（二）营养液管理

1. 浓度管理

营养液浓度的管理直接影响植物的产量和品质，不同植物、同一植物的不同生育期所需的营养液浓度不同。要经常用电导仪检查营养液浓度的变化。要严格控制微量元素，否则会引起中毒。原则上任何一种元素的浓度都不能下降到它原来在溶液内浓度的 50% 以下。

配制营养液应采用易于溶解的盐类，以满足植物的需要。营养液浓度一般应控制在千分之四以内。

2. pH 值管理

在营养液的循环过程中，随着植物对离子的吸收，由于盐类的生理反应会使营养液 pH 值发生变化，变酸或变碱。此时就应该对营养液的 pH 值进行调整。所使用的酸一般为硫酸、硝酸，碱一般为氢氧化钠、氢氧化钾，调整时应先用水将酸（碱）稀释成 1~2 mol/L，缓慢加入贮液池中，充分搅匀。

营养液的 pH 值要适当。一般营养液的 pH 值为 6.5 时，植物优先选择硝态氮；营养液的 pH 值在 6.5 以上或为碱性时，则以铵态氮较为适合。

营养液是个缓冲液，要及时测定和保持其 pH 值。

3. 溶存氧管理

在营养液循环栽培系统中，根系呼吸作用所需的氧气主要来自营养液中的溶解氧。增氧措施主要是利用机械和物理的方法来增加营养液与空气接触的机会，增加氧气在营养液中的扩散能力，从而提高营养液中氧气的含量。

4. 供液时间与次数

无土栽培的供液方法有连续供液和间歇供液两种，基质栽培通常采用间歇供液方式。每天供液 1~3 次，每次 5~10 min。供液次数多少要根据季节、天气、植株大小、生育期来决定。水培有间歇供液和连续供液两种。间歇供液一般每隔 2 h 一次，每次 15~30 min；连续供液一般是白天连续供液，夜晚停止。

5.营养液的补充与更新

对于非循环供液的基质培，由于所配营养液是一次性使用，所以不存在营养液的补充与更新。而循环供液方式存在着营养液的补充与更新问题。因在循环供液过程中，每循环一周，营养液被植物吸收、消耗，营养液量会不断减少，回液量不足一天的用量时，就需要补充添加。营养液使用一段时间后，组成浓度会发生变化，或者是会发生藻类、发生污染，这时就要把营养液全部排出，重新配制。

注意在配制时，往往会发生沉淀或植物不能吸收利用的现象，因此要注意将某些化合物另外存放或更换其他化合物，无法更换时，应在使用时再加入。

第二节　园林花卉的促成及抑制栽培

一、促成及抑制栽培的意义

花期调控是采用人为措施使花卉提前或延后开花的技术。其中比自然花期提前的栽培技术方式称促成栽培，比自然花期延迟的栽培称抑制栽培。我国古代就有花期调控技术，有开出"不时之花"的记载。现代花卉产业对花卉的花期调控有了更高的要求，根据市场或应用需求，尤其是在元旦、春节、五一劳动节、国庆节等节日用花，需求量大、种类多，按时提供花卉产品，具有显著的社会效益和经济效益。

二、促成及抑制栽培的原理

（一）阶段发育理论

花卉在其一生中或一年中经历着不同的生长发育阶段，最初是进行细胞、组织和器官数量的增加，体积的增大，这时花卉处于生长阶段，随着花卉体的长大与营养物质的积累，花卉进入发育阶段，开始花芽分化和开花。如果人为创造条件，使其提早进入发育阶段，就可以提前开花。

（二）休眠与催醒休眠理论

休眠是花卉个体为了适应生存环境，在历代的种族繁衍和自然选择中逐步形成的生物习性。要使处于休眠的园林花卉开花，就要根据休眠的特性，采取措施停止休眠使其恢复活动状态，从而达到使其提前开花的目的。如果想延迟开花，那么就必须延长其休眠期，使其继续处于休眠状态。

（三）花芽分化的诱导

有些园林花卉在进入发育阶段以后，并不能直接形成花芽，还需要一定的环境条件诱导其花芽的形成。这一过程称为成花诱导。诱导花芽分化的环境因素主要有两个方面：一是低温，二是光周期。

1. 低温春化

多数越冬的二年生草本花卉，部分宿根花卉、球根花卉及木本花卉需要低温春化作用。若没有持续一段时期的相对低温，它始终不能成花。温度的高低与持续时间的长短因种类不同而异。多数园林花卉需要 0~5℃，天数变化较大，最大变动 4~56 d，并且在一定温度范围内，温度越低所需要的时间越短。

2. 光周期诱导

很多花卉生长到某一阶段，每一天都需要一定时间光照或黑暗才能诱导成花，这种现象叫光周期现象。长日照条件能促进长日照花卉开花，抑制短日照花卉开花。相反短日照条件能促使短日照花卉开花而抑制长日照花卉开花。

三、促进及抑制栽培的技术

（一）促成及抑制栽培的一般园艺措施

根据花卉的习性，在不同时期采取相应的栽培管理措施，应用播种、修剪、摘心及水肥管理等技术措施可以调节花期。

1. 调节花卉播种期和栽培期

不需要特殊环境诱导、在适宜的生长条件下只要生长到一定的大小即可开花的花卉种类，可以通过改变播种期和栽培期来调节开花期。多数一年生草本花卉属日中性，对光周期长短无严格要求，在适宜的地区或季节可分期播种。如翠菊的矮性品种，春季露地播种，6~7月开花；7月播种，9~10月开花；2~3月在温室播种，5~6月开花。

二年生花卉在低温下形成花芽和开花。在温度适宜的季节或冬季在温室保护下，也可调节播种期使其在不同时期开花。如金盏菊在低温下播种30~40 d开花，自7~9月陆续播种，可于12月至翌年5月先后开花。

2. 采用修剪、摘心、抹芽等栽培措施

月季花、茉莉、香石竹、倒挂金钟、一串红等在适宜的条件下一年中可以多次开花，可以通过修剪、摘心等措施预订花期。如半支莲从修剪到开花需2~3个月。香石竹从修剪到开花大约一个月。此类花卉就可以根据需花的时间提前一定时间对其进行修剪。如一串红从修剪到开花，约20 d，"五一"需要一串红可以在4月5日前后进行最后一次修剪；"十一"需要的一串红在9月5日前后进行最后一次的修剪。

3. 肥水控制

人为地控制水分，强迫休眠，再于适当时期供给水分，则可解除休眠，又可发芽、生长、开花。采用此法可促使梅花、桃花、海棠、玉兰、丁香、牡丹等木本花卉在国庆节开花。氮肥和水分充足可促进营养生长而延迟开花，增施磷肥、钾肥有助于抑制营养生长而促进花芽分化。菊花在营养生长后期追施磷、钾肥可提早开花约一周。

（二）温度处理

温度处理调节花期主要是通过温度的作用调节休眠期、成花诱导与花芽形成期、花茎伸长期等主要进程而实现对花期的控制。大部分越冬休眠的多年生草本和木本花卉以及越冬期呈相对静止状态的球根花卉，都可以采用温度处理。大部分盛夏处于休眠、半休眠状态的花卉，生长发育缓慢，防暑降温可提前度过休眠期。

1. 增温处理

（1）促进开花。

对花芽已经形成正在越冬休眠的种类，由于冬季温度较低而处于休眠状态，自然开花需要待来年春季。若移入温室给予较高的温度（20~25℃）并增加空气湿度，就能提前开花。一些春季开花的秋播草本花卉和宿根花卉在入冬前放入温室，一般都能提前开花。木本花卉必须是成熟的植株，并在入冬前已经形成花芽，且经过一段时间的低温处理才能提前开花。

利用增温方法来催花，首先要预定花期，然后再根据花卉本身的习性来确定提前加温的时间。在加温到 20~25℃、相对湿度增加到 80% 以上时，垂丝海棠经 10~15 d 就能开花，牡丹需要 30~35 d。

（2）延长花期。

有些花卉在适宜的温度下，有不断生长、连续开花的习性。但在秋冬季节气温降低时，就要停止生长和开花。若能在停止生长之前及时移入温室，使其不受低温影响，提供继续生长发育的条件，就可使它连续不断地开花。如月季、非洲菊、茉莉、美人蕉、大丽花等就可以采用这种方法来延长花期。要注意的是应在温度下降之前及时加温，否则一旦气温下降影响生长后，再加温就来不及了。

2. 降温处理

（1）延长休眠期以推迟开花。

一般多在早春气温回升之前，将一些春季开花的耐寒、耐阴、健壮、成熟及晚花品种移入冷室，使其休眠延长来推迟开花。冷室的温度要求在 1~5℃。降温处理时要少浇水，除非盆土干透，否则不浇水。预定花期后一般要提前 30 d 以上将其移到室外，先放在避风遮阴的环境下养护，经常喷水来增加湿度和降温，然后逐渐向阳光下转移，待花蕾萌动后再正常浇水和施肥。

（2）减缓生长以延迟开花。

较低的温度能延迟花卉的新陈代谢、延迟开花。这种措施大多用于含苞待放或开始进入初花期的花卉，如菊花、天竺葵、八仙花、月季、水仙等。

（3）降温避暑。

很多原产于夏季凉爽地区的花卉，在适宜的温度下能不断地生长、开花。

但遇到酷暑，就停止生长，不再开花。如仙客来、倒挂金钟，为了满足夏季观花的需要，可以采用各种降温措施，使它们正常生长，进行花芽分化，或打破夏季休眠的习性，使其不断开花。

（4）模拟春化作用而提前开花。

改秋播为春播的草花，为了使其在当年开花，可以用低温处理萌动的种子或幼苗，使其通过春花作用在当年开花，适宜的处理温度为 0~5℃。

（5）降低温度提前度过休眠期。

休眠器官经一定时间的低温作用后，休眠即被解除，再给予转入生长的条件，就可以使花卉提前开花。如牡丹在落叶后挖出，经过一周的低温贮藏（温度在 1~5℃），再进入保护地加温催花，元旦就可以开花。

（三）光周期处理

光周期处理的作用是通过光照处理成花诱导、促进花芽分化、花芽发育和打破休眠。长日照花卉的自然花期一般为日照较长的春夏季，而要长日照花卉在日照短的秋冬季节开花，可以用灯光补光来延长光照时间。相反，在春夏季不让长日照花卉开花可以用遮光的方法把光照时间变短。对短日照花卉，在日照长的季节进行遮光可促进开花；相反则抑制开花。

1. 光周期处理时期的计算

光周期处理开始的时期，是由花卉的临界日长和所在地的地理位置来决定的。如北纬 40°，在 10 月初到翌年 3 月初的自然日长小于 12 h。对临界日长为 12 h 的长日照花卉来说，如果要在此期间开花就要进行长日照处理。花卉光周期处理中，计算日长小时数的方法与自然日长有所不同。每天日长的小时数应从日出前 20 min 至日落后 20 min 计算，因为在日出前 20 min 和日落后 20 min 之内的太阳散射光会对花卉产生影响。

2. 长日照处理

长日照处理用于长日照花卉的促成栽培和短日照花卉的抑制栽培。

（1）方法。

长日照处理的方法较多，常用的主要有以下几种。

①延长明期法。

在日落后或日出前给予一定时间的照明，使明期延长到该花卉的临界日长小时数以上。实际中较多采用日落后补光。

②暗中断法。

在自然长夜的中期给予一定时间照明，将长夜隔断，使连续的暗期短于该花卉的临界暗期小时数。通常冬季加光 4 h，其他时间加光 1~2 h。

③间隙照明法

该法以"暗中断法"为基础，但午夜不用连续照明，而改用短的明暗周期，一般每隔 10 min 闪光几分钟。其效果与暗中断法相同。

（2）长日照处理的光源与照度。

照明的光源通常用白炽灯、荧光灯，不同花卉适用光源有所差异，短日照花卉多用白炽灯，长日照花卉多用荧光灯。不同花卉所需照度有所不同。紫苑在 10 lx 以上，菊花需要 50 lx 以上，一品红需要 100 lx 以上。50~100 lx 通常是长日照花卉诱导成花的光强。

3. 短日照处理

（1）方法。

在日出之后至日落之前利用黑色遮光物对花卉遮光处理，使日长短于该花卉要求的临界小时数的方法称为短日照处理。短日处理以春季和夏初为宜。盛夏做短日照处理时应注意防止高温危害。

（2）遮光程度。

遮光程度应保持低于各类花卉的临界光照度，一般不高于 22 lx，对一些花卉还有特定的要求，如一品红不能高于 10 lx，菊花应低于 7 lx。

（四）应用花卉生长调节剂

花卉栽培中使用一些植物生长调节剂如赤霉素、萘乙酸等对花卉进行处理，配合其他养护管理措施，可促进提前开花，也可使花期延后。

1. 促进诱导成花

矮壮素、B9、嘧啶醇可促进多种花卉花芽分化。乙烯利、乙炔对凤梨科的花卉有促进成花的作用；赤霉素对部分花卉有促进成花作用，另外赤霉素可替代二年生花卉所需低温而诱导成花。

2. 打破休眠，促进花芽分化

常用的有赤霉素、激动素、吲哚乙酸、萘乙酸、乙烯等。通常用一定浓度药剂喷洒花蕾、生长点、球根或整个植株，可以促进开花。也可以用快浸和涂抹的方式，处理的时期在花芽分化期，对大部分花卉都有效应。

3. 抑制生长，延迟开花

常用的有三碘苯甲酸、矮壮素。在花卉旺盛生长期处理花卉，可明显延迟花期。

应用花卉生长调节剂对花卉花期进行控制时，应注意以下事项。

（1）相同药剂对不同花卉种类、品种的效应不同。

如赤霉素对有些花卉如万年青有促进成花的作用，对多数花卉如菊花具有抑制成花的作用。相同的药剂因浓度不同，产生截然不同的效果。如生长素低浓度时促进生长，高浓度抑制生长。相同药剂在相同花卉上，因使用时期不同也会产生不同效果，如 IAA 对藜的作用，在成花诱导之前使用可抑制成花，而在成花诱导之后使用则促进开花。

（2）不同生长调节剂使用方法不同。

由于各种生长调节剂被吸收和在花卉体内运输的特性不同，因而各有其适宜的施用方法。如矮壮素、B9 可叶面喷施；嘧啶醇、多效唑可土壤浇灌；6-苄基腺嘌呤可涂抹。

（3）环境条件的影响。

有些生长调节剂以低温为有效条件，有些以高温为有效条件，有些需在长日照条件下发生作用，有的则在短日照条件下起作用。所以在使用中，需根据环境条件选择合适的生长调节剂。

第三节　园林花卉露地栽培与养护

露地栽培是指完全在自然气候条件下，不加任何保护的栽培形式。一般植物的生长周期与露地自然条件的变化周期基本一致。露地栽培具有投入少、设备简单、生产程序简便等特点。

一、土壤质地

土壤颗粒是指在岩石、矿物的风化过程及土壤成土过程中形成的碎屑物质。土壤中大小不同的土壤颗粒所占的比例不同，就形成了不同的土壤质地。

不同的土壤质地往往具有明显不同的生产性状，了解土壤的质地类型，对花卉栽培和生产具有重要的指导价值。

（一）沙土

土壤颗粒大于 0.05 mm，粒间空隙大，通透性强，排水良好，但保水性差；有机质含量少，保肥能力差，对土壤肥力贡献小；土温易增易降，昼夜温差大。沙土常用作黏土的改良，也常用作扦插的基质和多肉植物的栽培基质。

（二）黏土

土壤颗粒小于 0.002 mm，粒间空隙小，通透性差，排水不良，但保水性强；含矿质元素和有机质较多，保肥能力强且肥力也长；土壤昼夜温差小。除适于少数喜黏质土壤的木本和水生花卉外，一般不直接用于栽培花卉。黏土可和其他土类配合使用，或用于改良。

（三）壤土

壤土类土壤颗粒在 0.002~0.050 mm，粒间空隙居中，土壤性状也介于沙土和黏土之间，通透性好，保水保肥力强，有机质含量多，土温比较稳定。壤土对花卉生长比较有利，适应大多数花卉种类的要求。

二、土壤性状与花卉的生长

（一）土壤结构

土壤结构影响土壤热、水、气、肥的状况，在很大程度上决定了土壤肥力水平。土壤结构有团粒状、块状、核状、柱状、片状、单粒结构等。团粒结构最适宜花卉的生长，是最理想的土壤结构。因为团粒结构是由土壤腐殖质把矿物质颗粒相互黏结成直径为 0.25~10.00 mm 的小团粒而形成的，外表呈球形，表面粗糙，疏松多孔，在湿润状态时手指稍用力就能压碎，放在水中能散成微团聚体。团粒结构是土壤肥料协调供应的调节器，有团粒结构的土壤，其通气、持水、保湿、保肥性能良好，而且土壤疏松多孔利于种子发芽和根系生长。

（二）土壤通气性与土壤水分

土壤空气取定于土壤孔隙度和含水量。由于土壤中存在大量活动旺盛的生物，它们的呼吸均需消耗大量氧气，故土壤中氧气含量低于大气，在10%~21%。通常土壤氧含量从12%降至10%时，根系的正常吸收功能开始下降，氧含量低至一定限度时（多数植物为3%~6%）吸收停止，若再降低会导致已积累的矿质离子从根系排出。土壤二氧化碳的含量远高于大气，可达2%或更高，虽然二氧化碳被根系固定成有机酸后，释放的氢离子可与土壤阳离子进行交换，但高浓度的二氧化碳和碳酸氢根离子对根系呼吸及吸收均会产生抑制，严重时会使根系窒息死亡。

土壤水分对植物的生长发育起着至关重要的作用，俗语说"有收无收在于水"。适宜的土壤含水量是花卉健康生长的必备条件。土壤水分过多则通气不良，严重的缺氧及高浓度二氧化碳的毒害会使根系溃烂、叶片失绿，直至植株萎蔫。尤其在土壤黏重的情况下，如果再遇夏季暴雨，通气不良加雨后阳光暴晒会使根系吸水不利而产生生理干旱。

适度缺水时，良好的通气反而可使根系发达。

（三）土壤酸碱度

土壤酸碱度对花卉的生长有较大的影响，诸如必需元素的可给性、土壤微生物的活动、根部吸水吸肥的能力以及有毒物质对根部的作用等，都与土壤酸碱度有关。多数花卉喜微酸性到中性土，适宜的土壤pH值为5.5~5.8。特别喜酸性土的花卉如杜鹃、山茶、八仙花等要求pH值为5.5~6.8。三色堇pH值应为5.8~6.2，大于6.5会导致根系发黑、基叶发黄。土壤酸碱度影响土壤养分的分解和有效性，因而影响花卉的生长发育，如酸性条件下，磷酸可固定游离的铁离子和铝离子，使之成为有效形式；而与钙形成沉淀，将使之成为无效形式。因此在pH值为5.5~6.8的土壤中，磷酸、铁、铝均易被吸收。pH值过高过低均不利于养分吸收。pH值过高使钙、镁形成沉淀，锌、铁、磷的利用率降低；pH值过低则使铝、锰浓度增高，对植物有毒害。

（四）土壤盐浓度

土壤中总盐浓度的高低会影响植物的生长，植物生长所需要的无机盐类都是根系从土壤中吸收而来的,所以土壤盐浓度过高,渗透压就高,会引起根部腐烂或叶片尖端枯萎的现象。盐类浓度的高低一般用电导率(EC)表示,单位是 S/cm,EC 值高表示土壤中盐浓度高。每一种花卉都有一个适当的 EC 值,如香石竹为 0.5~1.0 mS/cm,一品红为 1.5~2.0 mS/cm,百合、菊花为 0.5~0.7 mS/cm,月季为 0.4~0.8 mS/cm。EC 值在适宜的数值以下表示需要肥料,EC 值在 2.5 S/cm 以上时,会使盐类浓度过高,需要大量灌水冲洗以降低 EC 值。

(五)土壤温度

土壤温度也影响花卉的生长。早春进行播种繁殖和扦插繁殖时,气温高于地温,一些种子难以发芽;插穗则只萌发而不发根,结果水分养分很快消耗而使插穗枯萎死亡,因此提高土温才能促进种子萌发及插穗生根。

不同的花卉种类及不同生长发育阶段,对土壤性状的要求也有所不同。露地一二年生夏季开花种类忌干燥及地下水位低的沙土,秋播花卉以黏壤土为宜。宿根花卉幼苗期喜腐殖质丰富的沙壤土,而生长到第二年后以黏壤土为好。球根花卉,一般以下层沙砾土、表土沙壤土最理想,但水仙、风信子、郁金香、百合、石蒜等,则以黏壤土为宜。

三、土壤改良

在实际操作中,主要通过混入一定量的沙土使黏土的土质得以改良,或是使用有机肥改良土壤的理化性质;还可以使用微生物肥来改良土壤的理化特性和养分状况。在实际工作中,符合种植花卉要求的理想土壤是很少的。因此,在种植花卉之前,要对土壤质地、土壤养分、pH 值等进行检测,必要时需检测 EC 值,为花卉栽培提供可靠的信息。过沙、过黏、有机质含量低等土壤结构差的土质,可通过客土、加沙或施用有机肥等方法加以改良,起到培育良好结构性的作用。可加入的有机质包括堆肥、厩肥、锯末、腐叶、泥炭等。合理的耕作也可以在一定时期内改善土壤的结构状况。施用土壤结构改良剂可以促进团粒结构的形成,从而有利于花卉的生长发育。

由于花卉对土壤酸碱性要求不同,栽培前应根据花卉种类或品种的要求,对酸碱性不适宜的土壤进行改良。一般碱性土壤,每 10 m² 施用 1.5 kg 的硫酸亚铁后，pH 值可相应降低 0.5~1.0；对于黏性重的碱性土，用量则适当增加。当土壤酸性过高、不适宜花卉生长时，应根据土壤情况用生石灰中和，以提高土壤 pH 值。草木灰是良好的钾肥，也可起到中和酸性的作用。含盐量高的土壤可采用淡水洗盐的方法，降低土壤 EC 值。

四、水肥管理

（一）水分管理

水是花卉的主要组成成分之一。花卉的一切生理活动，都是在水的参与下完成的。各种花卉由于生活在不同的环境条件下，需水量也不尽相同；同一种花卉在不同生长发育阶段或在不同季节，对水分的需求也不一样。灌水需要考虑的问题很多，如土壤的类型、土壤湿度、地形地势（坡度）、栽培花卉的品种、气候、季节、光照强度，以及地面覆盖物的有无等。

1. 花卉的需水特点

不同的花卉，其需水量有极大差别，这与原产地的雨量及其分布状况有关。一般宿根花卉根系强大并能深入地下，因此需水量较其他花卉少。一二年生花卉多数容易干旱，灌溉次数应较宿根花卉和木本花卉为多。对于一二年生花卉，灌水渗入土层的深度达 30~45 cm，草坪应达 30 cm，一般灌木 45 cm 就能满足花卉对水分的需求。

同一花卉不同生长发育阶段对水分的需求量也不相同。种子发芽时需要较多的水分，以便种子吸水膨胀，促进萌发和出苗。如水分不足，播种后种子较难萌发，即使萌发，胚轴也不能伸长而影响及时出苗。幼苗期，植株叶面积小，蒸腾量也小，需水量不多，但根系分布浅且表层土壤不稳定，易受干旱的影响，必须保持稳定的土壤湿度。营养生长旺盛期和养分积累期是根、茎、叶等同化器官旺盛生长的时期，栽培上应尽量满足其水分需求，但在花开始形成前水分不能供应过多，以抑制其茎叶徒长。开花结果期对水分要求严格，水分过多会引起落花，不足又容易导致早衰。

花卉在不同季节和气象条件下，对水分的需求也不相同。春秋季干旱时期，应有较多的灌水。晴天、风大时应比阴天、无风时多浇水。

2. 土壤状况与灌水

花卉根系从土壤中吸收生长发育所需的营养和水分，只有当土壤理化性质满足花卉生长发育对水、肥、气和温度的要求时，才能获得质量最佳的花卉。

土壤的性质影响灌水质量。优良的园土持水能力强，多余的水也容易排出。黏土持水量强，但粒间空隙小，水分渗入慢，灌水易引起流失，还会影响花卉根部对氧气的吸收，造成土壤的板结。疏松土质的灌溉次数应比黏重的土质多，所以对黏土应特别注意干湿相间的管理，湿以利开花所需足够的水分，干以利土壤空气含量的增加。沙土颗粒越大，持水力则越差，粗略地测算，30 cm 厚沙土持水仅 0.6 cm，沙壤土 2 cm，细沙壤 3 cm，而粉沙壤、黏壤、黏土持水达 6.3~7.6 cm。因此，不同的土壤需要不同的灌水量。土壤性质不良或是管理不当会引起花卉缺水。增加土壤中的有机质有利于土壤通气与持水力。

灌水量因土质而定，以根区渗透为宜。灌水次数和灌水量过多，花卉根系反而生长不良，以至引起伤害，严重时造成根系腐烂，导致植株死亡。此外，灌水不足导致水不能渗入底层，常使根系分布浅，这样就会大大降低花卉对干旱和高温的抗性。因此，掌握两次灌水之间土壤变干所需的时间非常重要。

遇表土浅薄、下层黏土重的情况，每次灌水量宜少，但次数增多；如为土层深厚的沙壤土，应一次灌足水，待见干后再灌。黏土水分渗透慢，灌水时间应适当延长，最好采用间歇方式，留有渗入时间，如灌水 10 min，停灌 10 min，再灌 10 min 等，这是喷灌常用的方式，遇高温干旱时尤为适宜。

3. 灌溉方式

（1）漫灌。漫灌为大面积的表面灌水方式，用水量大，适用于夏季高温地区植物生长密集的大面积花卉或草坪。

（2）畦灌。在田间筑起田埂，将田块分割成许多狭长地块——畦田，水从输水沟或直接从毛渠放入畦中，畦中水流以薄层水流向前移动，边流边渗，润湿土层，这种灌水方法称为畦灌。畦灌用水量大，土地平整的情况下，灌溉才比较均匀。离进水口近的区域灌溉量大，远的区域灌溉量小。

（3）沟灌。此法适合于宽行距种植的花卉。沟灌在行间开挖灌水沟，水从输水沟进入灌水沟后，在流动的过程中主要借毛细管作用湿润土壤。较畦灌节水，不会破坏花卉根部附近的土壤结构，可减少灌溉浸湿的表面积，减少土壤蒸发损失。

（4）喷灌。利用喷灌设备系统，使水在高压下通过喷嘴被喷至空中，分散成细小的水滴，像降雨一样进行灌溉。喷灌可节水、可定时、灌溉均匀，但投资大。

（5）滴灌。这是一种利用低压管道系统将水直接送到每棵植物的根部，使水分缓慢不断地由滴头直接滴在根附近的地表，渗入土壤并浸润花卉根系主要分布区域的灌溉方法。主要缺点是管道系统堵塞问题，严重时不仅滴头堵塞，还可能使滴灌毛管全部废弃。采用硬度较高的水灌溉时，盐分可能在滴头湿润区域周边积累而产生危害，利用天然降雨或结合定期大水漫灌可以减轻或避免土壤盐分积累的问题。

（6）渗灌（浸灌）。这是一种利用埋在地下的渗水管，水依靠压力通过渗水管管壁上的微孔渗入田间耕作层，从而浸润土壤的灌溉方法。

4. 灌水时期

花卉的灌水分为休眠期灌水和生长期灌水。休眠期灌水在植株处于相对休眠状态进行，如北方地区常对园林树木灌"冻水"防寒。

生长期灌水时间因季节而异。夏季灌溉应在清晨和傍晚进行，此时水温与地温接相近，灌水对根系生长影响小，傍晚灌水更好，因夜间水分下渗到土层中，可避免日间水分的迅速蒸发。严寒的冬季因早晨温度较低，灌水应在中午前后进行。春秋季以清晨灌水为宜，这时蒸腾较低；傍晚灌水，湿叶过夜，易引起病害。

应特别注意幼苗定植后的水分管理。幼苗移植后的灌溉对其成活关系很大，因幼苗移植后根系尚未与土壤充分接触，移植又使一部分根系受到损伤，吸水力减弱，此时若不及时灌水，幼苗会因干旱而生长受到阻碍，甚至死亡。生产实践中有"灌三水"的操作，即在移植后随即灌水1次；过3 d后，进行第2次灌水；再过5~6 d，灌第3次水，每次都灌满畦。"灌三水"后，进行正常的松土、灌溉等日常管理。对于根系强大，受伤后容易恢复的花卉，如万寿菊等，灌两次水后，就可进行正常的松土等管理；对于根系较弱、移苗后生长不易恢复的花卉，如一些直根系的花卉，应在第3次灌水后10 d左右，再灌第4次水。

5. 灌溉用水

灌溉用水以软水为宜，避免使用硬水，最好使用富含养分、温度高的河水，其次是河塘水和湖水，不含碱质的井水也可使用。城市园林绿地灌溉用水提倡使用中性水。井水温度低，对植物根系发育不利，如能先一日抽出井水贮于池内，待水温升高后再使用则比较好。小面积灌溉时，可以使用自来水，但成本较高。

6. 排水

土壤水分过多时影响土壤通透性，造成氧气供应不足，从而抑制根系的呼吸作用，降低对水分和矿物质的吸收功能，严重时可导致地上部枯萎、落花、落叶，甚至根系或整个植株死亡。涝害比干旱更能加速植株受害，涝害发生 5~10 d 就会使一半以上的栽培植物死亡。中国南方降雨繁多，在梅雨季节涝害问题更为突出；北方雨量虽少，但降雨主要集中在 7~9 月，涝害问题也不容忽视。故而，处理好排水问题也是保证花卉正常生长发育的重要内容，在降雨量大、地势低洼、容易积水或排水不良的地段，要在一开始就进行排水工程的规划，建设排水系统，做到及时排水。

积水主要来自雨涝、灌溉不当、上游地区泄洪、地下水位异常上升等，目前主要应用的排水方式有沟排水、井排两种。

（1）沟排水。

沟排水包括明沟排水和暗沟排水两种。明沟排水是国内外大量应用的传统的排水方法，在地表面挖排水沟，主要用于排出地表径流。在较大的花圃、苗圃可设主排、干排、支排和毛排渠 4 级组成网状排水系统，排水效果较好，具有省工、简便的优点。明沟排水工程量大，占地面积大，易塌方堵水、淤塞和滋生杂草而造成排水不畅，另外养护任务重。

暗沟排水是在种植地按一定距离埋设带有小孔的水泥或陶瓷暗管排水，上面覆土后种植花卉。排水管道的孔径、埋设深度和排水管之间的间距应根据降雨量、地下水位、地势、土壤类型等情况设置。暗沟排水的优点是不占地表，不影响农事作业，排水、排盐效果好，养护负担轻，便于机械施工，在不宜开沟的地区是较好的方法。缺点是管道易被泥沙沉淀所堵塞，植物根系也容易深入管内阻碍水流，成本较高。城市绿化中有所应用。

（2）井排。

井排是在耕作地边上按一定距离开挖深井，通过底边渗漏把水引入深井中，优点是不占地，易与井灌结合，可调节井水水位的高低来维持耕作地一定的地下水位，特别适于容易发生内涝危害的地段。缺点是挖井造价和运转费用较高。

此外，机械排水和输水管系统排水是目前比较先进的排水方式，但由于技术要求较高且不完善，所以应用较少。

（二）施肥

1. 施肥的依据和基本原则

（1）主要营养元素的生理功能。花卉吸收的营养元素来源于土壤和肥料，施肥就是供给植物生长发育所必需的营养元素。因此，明确营养元素的功能是施肥的基础。

（2）施肥的原理。施肥以养分归还（补偿）、最小养分律、同等重要律、不可代替律、肥料效应报酬递减和因子综合作用律为理论依据。

①养分归还（补偿）学说。花卉植株中，有大量的养分来自土壤，但土壤并非一个取之不尽、用之不竭的"养分库"。为保证土壤有足够的养分供应容量和强度，保持土壤养分的输出与输入的平衡，必须通过施肥把花卉吸收的养分归还土壤。

②最小养分律。花卉作物生长发育需要吸收各种养分，但严重影响花卉生长、限制产量和品质的是土壤中那种相对含量最小的养分因素，也就是花卉最缺乏的那种养分（最小养分）。如果忽视这个最小养分，即使继续增加其他养分，产量或品质也难再提高。最小养分律也即"木桶原理"。

③同等重要律。对花卉来讲，不论大量还是微量元素，都是同等重要、缺一不可的。如若缺少某一种微量元素，尽管花卉对它的需要量很少，但仍会影响某种生理功能而导致减产或花卉品质的降低。微量元素与大量元素同等重要，不能因为需要量少而忽略它。

④不可代替律。花卉需要的各营养元素都有其特定的功效，相互之间不能替代，缺什么元素就必须补充含有该元素的肥料。

⑤肥料效应报酬递减律。从一个土地上获得的产品，随着施肥量的增加

而增加，但当施肥量超过一定量后，单位施肥量的获得就会依次递减。故施肥要有限度，超过合理施肥上限就是盲目施肥。

⑥因子综合作用律（或称限制因子律）。花卉品质好坏和花卉产品产量高低是影响作物生长发育各个因子综合作用的结果，包括施肥措施在内，其中必有一个或几个在某一阶段是限制因子。所以，为了充分发挥肥料的作用和提高肥料的效益，一方面施肥措施必须与其他农业技术措施密切配合，另一方面各养分之间的配合作用也是不可忽视的问题。

（3）施肥的依据。花卉施肥主要依据花卉的需肥和吸肥特点、土壤类型和理化性质、气候条件及配套农业措施等。

①花卉的需肥和吸肥特性。不同类花卉需肥种类和数量不同，同一花卉的不同生育阶段需肥的种类和数量也不同。不同花卉对营养元素的种类、数量及其比例都有不同的要求。

一二年生花卉对氮、钾的要求较高，施肥以基肥为主，生长期可以视生长情况适量施肥，但一二年生花卉间也有一定的差异。播种一年生花卉，在施足基肥的前提下，出苗后只需保持土壤湿润即可，苗期增施速效性氮肥以利快速生长，花前期加施钾肥、磷肥，有的一年生花卉花期较长，故在开花后期仍需追肥。而二年生花卉，在春季就能旺盛生长开花，故除氮肥外，还需选配适宜的磷、钾肥。宿根花卉对于养分的要求以及施肥技术基本上与一二年生花卉类似，但需度过冬季不良环境，同时为了保证次年萌发时有足够的养分供应，所以后期应及时补充肥料，常以速效肥为主，配以一定比例的长效肥。球根花卉对磷、钾肥需求量大，施肥上应该考虑如何使地下球根膨大，除施足基肥外，前期追肥以氮肥为主，在子球膨大时应及时控制氮肥，增施磷、钾肥。

通过分析不同花卉植株养分的含量，有利于了解花卉对不同养分的吸收、利用及分配情况，并以此作为施肥标准的参考。

②土壤类型和理化性质。因不同类型和不同理化性质的土壤中，营养元素的含量和有效性不同、保肥能力不同，土壤类型和性质必然影响肥料的效果，所以施肥必须考虑土壤类型和性质。沙质土保肥能力差，需少量多次施肥；黏质土保肥能力强，可以适当多量少次施肥。

③气候条件。气候条件影响施肥的效果，与施肥方法的关系也很密切。干旱地区或干旱季节，肥料吸收利用率不高，可以结合灌水施肥、叶面施肥等。雨水多的地区和季节，肥料淋溶损失严重，应少量勤施；低温和高温季节，花卉吸肥能力差，应少量勤施。

④栽培条件和农业措施。施肥必须考虑与栽培条件和农业技术措施的配合。例如，瘠薄土壤上施肥，除应考虑花卉需肥外，还应考虑土壤培肥，即施肥量应大于花卉需求量；而肥沃土壤上施肥应根据"养分归还"学说，按需和按吸收量施肥。地膜覆盖的，因不便土壤追肥，应施足基肥，生长期可以叶面追肥。

露地施肥的基本原则。有机肥和无机肥合理施用。有机肥多为迟效性肥料，可以在较长时间内源源不断地供应植物所需的营养物质；无机肥多为速效性肥料，可以满足较短时间内植物对营养物质相对较多的需求。在花卉施肥中，有机肥和无机肥要配合使用，以相互补充。增施有机肥、适当减少无机肥，可以改良土壤理化性状，减少环境污染，使土地资源能够真正实现可持续利用，同时也是提高花卉产品品质、减少产品污染，实现无公害生产的有效途径。

以基肥为主，及时追肥。基肥施用量一般可占总施肥量的50%~60%。在暴雨频繁、水土流失严重或地下水位偏高的地区，可适当减少基肥的施用量，以免肥效损失。结合不同花卉种类和不同生育时期对肥料的需求特点，要进行及时、合理的追肥。

科学合理施肥。在历年施肥管理经验的基础上，及时"看天、看地、看苗"，结合土壤肥力分析、叶分析等手段，判断花卉需肥和土壤供肥情况，正确选择肥料种类，进行科学配比，及时有效地施用肥料。

2. 施肥时期

按施肥时期划分，施肥可分为施基肥、施种肥和追肥。

（1）施基肥。播种或移植前结合土壤耕作施用肥料。目的是改良土壤和保证整个生长期间能获得充足的养料。基肥一般以有机肥料为主，如堆肥、绿肥等，与无机肥料混合使用，效果更好。以无机肥料做基肥时，应注意三种主要肥分的配合。为了调节土壤的酸碱度、改良土壤，施用石灰、硫黄或石膏等间接肥料时也应做基肥。施基肥常在春季进行，但有些露地木本花卉可在秋季施入基肥，增强树体营养，以利越冬。施基肥的方法一般是普施，施肥深度应该在 16 cm 左右。

（2）施种肥。在播种时同时施入肥料，称为施种肥。一般以速效性磷肥为主，如在播种时同时施入过磷酸钙颗粒肥。容易烧种、烧苗的肥料，不作为种肥。

（3）追肥。追肥是在花卉生长发育期间施用速效性肥料的方法，目的是补充基肥的不足，及时供应花卉生长发育旺盛期对养分的需要，加快花卉的生长发育，达到提高产量和品质的目的。追肥可以避免速效肥料作基肥使用时养分被固定或淋失。

一二年生花卉在幼苗期的追肥，氮肥成分可稍多一些，主要目的是促进其茎叶的生长，但在以后生长期间，磷钾肥料应逐渐增加，生长期长的花卉，追肥次数应较多。宿根和球根花卉追肥次数较少，一般追肥 3~4 次，第一次在春季开始生长；第二次在开花前；第三次在开花后；秋季叶枯后，应在株旁补以堆肥、厩肥、饼肥等有机肥，行第四次追肥。一些开花期长的花卉，如大丽花、美人蕉等，在开花期也应适当给予追肥。

花卉对肥料需求有两个关键的时期，即养分临界期和最大效率期，掌握不同种类花卉的营养特性，充分利用这两个关键时期，供给花卉适宜的营养，对花卉的生长发育非常重要。植物养分的分配首先是满足生命活动最旺盛的器官，一般生长最快以及器官形成时，也是需肥量最多的时期。施足基肥，以保证在整个生长期间能获得充足的矿质养料。一年中，追肥时期通常在夏季，把速效性肥料分次施入，以保证花卉在旺盛生长期对养分的大量需求。

3. 施肥方法

土壤施肥的深度和广度，应依根系分布的特点，将肥料施在根系分布范围内或稍远处。这样一方面可以满足花卉的需要，另一方面还可诱导根系扩大生长分布范围，形成更为强大的根系，增加吸收面积，有利于提高花卉的抗逆性。由于各种营养元素在土壤中移动性不同，不同肥料施肥深度也不相同。氮肥在土壤中移动性强，可以浅施；磷、钾肥移动性差，宜深施至根系分布区内，或与其他有机质混合施用效果更好。氮肥多用作追肥，磷、钾肥与有机肥多用作基肥。

普施。普施指将肥料均匀撒布在土壤表面，然后通过耕翻等混入土壤中。

在平畦状态下，有时也用作化肥的追肥，但要结合灌水。

条施和沟施。条施是在播种或定植后，在行间成条状撒施肥料，行内不施肥。条施后一般要耕翻混入土壤。沟施是指在开好播种沟或定植沟后，将肥料施入沟中再覆土的施肥方法。条施和沟施多用于化肥或肥效较高的有机肥的追肥。在行间较大或宽窄行栽植时应用，操作简单易行。

穴施和环施。穴施是指在定植时，边定植边施入肥料，或者是在栽培期间，于植株根茎附近开穴施入肥料并埋入土壤的施肥方法。环施是指沿植株周围开环状沟，将肥料施入后随即掩埋的施肥方法。穴施可以实现集中施肥，有利于提高肥效，减少肥料被土壤固定和流失，施肥量、施入深度及距植株的距离可调。但穴施用工量大，适用于单株较大的花卉种类和密度较低的栽培形式。环施是在植株的周边，以植株为圆心开沟施入肥料，主要应用在单株特别大、根系分布较深的观赏植物，园林中应用多。穴施常用化肥，环施常用有机肥。

随水冲施。随水冲施是指将肥料浸泡在盛水的桶、盆等容器中，在灌溉的同时将未完全溶解的肥料随灌溉水施入土壤。缺点是施肥的均匀性难以保证。生产中要根据灌溉水流动速度，调整加入肥水混合液的速度，使肥料均匀施入。主要应用在畦灌、沟灌的无机肥的追肥。

根外追肥或称叶面施肥。这种方法简单易行、节省肥料、效果快，可与土壤施肥相互补充，一般在施肥 1~2 d 后即可表现出肥料效果，使用复合肥效果更好。叶面施肥仅作为解决临时性问题时的辅助措施，一般需喷施 3~4 次。常用于根外追肥的肥料种类有尿素、磷酸二氢钾、硫酸钾、硼砂等。根外追肥浓度要适宜，如磷、钾肥以 0.1% 为宜，尿素以 0.2% 为宜。喷溶液的时间宜在傍晚，以溶液不滴下为宜。

施肥量。施肥量应根据花卉的种类、品种、栽培条件、生长发育状况、土壤条件、施肥方法、肥料特性等综合考虑。一般植株矮小的可以少施，植株高大、枝繁叶茂、花朵丰硕的花卉宜多施。有些喜肥花卉，如香石竹、月季、菊花、牡丹、一品红等需肥较多；有些耐贫瘠的花卉，如凤梨等需肥较少。缓效肥料可以适当多施，速效肥料适度施用。

要确定准确的施肥量，需经田间试验，结合土壤营养分析和植物体营养分析，根据养分吸收量和肥料利用率来测算。施肥量的计算公式如下。

$$施肥量 = \frac{花卉吸收量 - 土壤供肥量}{肥料中养分含量 \times 肥料当季利用率} \quad (5-1)$$

根据 Aldrich 公司的研究，施用氮、磷、钾比例为 5 : 10 : 5 的完全肥，球根类所需施肥量为 0.05~0.15 kg/m²，花境所需施肥量为 0.15~0.25 kg/m²，落叶灌木所需施肥量为 0.15~0.3 kg/m²，常绿灌木所需施肥量为 0.15~0.3 kg/m²。我国通常每千克土壤施氮肥 0.2 g、磷肥（P_2O_5）0.15 g、钾肥（K_2O）0.1 g，折合成硫酸铵 1 g 或尿素 0.4 g、磷酸二氢钙 1 g、硫酸钾 0.2 g 或氯化钾 0.18 g，即可供一年生作物开花结实。由于淋失等原因，实际用量一般远远超过这些数值。与植物需求量大的磷、钾、钙一样，土壤中氮含量有限，大多不能满足植物的需要，需通过施肥来大量补充。其他大量元素是否需要补充，视植物要求及其存在于土壤中的数量和有效性决定，并受土壤和水质的影响。通常微量元素除沙质土壤和水培时外，一般在土壤中已有充足供应时，不需另外补充。

五、防寒与降温

（一）防寒

对于露地栽培的二年生花卉和耐寒能力差的花卉，必须进行防寒，以免过度低温的危害。由于各地区的气候不同，采用的防寒方法也不相同。

常用的防寒方法有以下几种。

1. 覆盖法

在霜冻到来之前，在畦面上覆盖干草、落叶、草苫物，一般可在第二年春季晚霜过后再将畦面清理好，也可视情形灵活掌握去除覆盖物的时间。常用于二年生花卉、宿根花卉、可露地越冬的球根花卉和木本植物幼苗的防寒越冬。

2. 培土

对于冬季地上部枯萎的宿根花卉和进入休眠的花灌木，培土是常用的防寒方法，待春季到来后、萌芽前再将土耙平。

3. 熏烟法

对于露地越冬的二年生花卉，可采用熏烟法以防霜冻。熏烟时，用烟和水汽组成的烟雾，能减少土壤热量的散失，防止土壤温度降低。同时，发烟时烟粒吸收热量使水汽凝成液体而释放出热量，可使地温提高，防止霜冻。但熏烟法只有在温度不低于 $-2℃$ 时才有显著效果。因此，在晴天夜里当温度降低到接近 0℃ 时即可开始熏烟。

4. 灌水

冬灌能减少或防止冻害，春灌有保温、增湿的效果。由于水的热容量大，灌水后提高了土壤的导热能力，使深层土壤的热量容易传导上来，从而提高近地表的温度 2.0~2.5℃。灌溉还可提高空气中的含水量，空气中的蒸汽凝结成水滴时放热，可以提高气温。灌溉后土壤湿润，热容量加大，能减缓表层土壤温度的降低。

5. 浅耕

进行浅耕，可降低因水分蒸发而发生的冷却作用，同时，耕翻后表土疏松，有利于太阳热辐射的导入。再加镇压后，能增强土壤对热的传导作用并减少已吸收热量的散失，保持土壤下层的温度。

6. 绑扎

对于一些观赏树木茎干，用草绳等包扎可防寒。

7. 密植

密植可以增加单位面积茎叶的数目，减少地面热的辐射散失，起到保温的作用。

除以上方法外，还有设立风障、利用冷床（阳畦）、减少氮肥和增施磷钾肥增强花卉抗寒力等方法，这些都是有效的防寒措施。

（二）降温

夏季温度过高会对花卉产生危害，可通过人工降温保护花木安全越夏。人工降温措施包括叶面喷水、畦间喷水、搭设遮阳网或草帘覆盖等。

六、杂草防除

杂草防除是除去田间杂草，不使其与花卉争夺水分、养分和光照。杂草往往还是病虫害的寄主，因此一定要彻底清除，以保证花卉的健壮生长。

除草工作应在杂草发生的早期及时进行，在杂草结实之前必须清除干净，不仅要清除栽植地上的杂草，还应把四周的杂草除净，对多年生宿根性杂草应把根系全部挖出，深埋或烧掉。小面积以人工除草为主，大面积可采用机械除草或化学除草。杂草去除可使用除草剂，根据花卉的种类正确选择适合的除草剂，并根据使用说明书，掌握正确的使用方法、用药浓度及用药量。

除草剂的类型大致分4类。灭生性除草剂将所有杂草全部杀死，不做区别。选择性除草剂对杂草做有选择地杀死，对作物的影响也不尽相同，如"2, 4-D丁酯"。内吸性除草剂通过杂草的茎、叶或根部吸收到植物体内，起到破坏内部结构、破坏生理平衡的作用，从而使杂草死亡。由茎、叶吸收的，如草甘膦；通过根部吸收的，如西玛津；触杀性除草剂只杀死直接接触的植物部分，对未接触的部分无效。

常见的除草剂有五氯酚钠、扑草净、灭草隆、敌草隆、绿麦隆、"2, 4-D丁酯"、草甘膦、茅草枯、西玛津、盖草能等。"2, 4-D丁酯"可防除双子叶植物杂草，多用0.5%~1.0%的稀释液田间喷洒，每亩用量为0.05~0.30 kg。草甘膦能有效防除一二年生禾本科杂草、莎草、阔叶杂草以及多年生恶性杂草。草甘膦对植物没有选择性，具强内吸性，因此不能将药剂喷到花木叶面上。在杂草生长旺盛时使用，比幼苗期使用效果更好。蜀桧、龙柏、大叶黄杨、紫薇、紫荆、女贞、海桐、金钟花、迎春、南天竹、金橘、木槿、麦冬、鸢尾等花卉草甘膦抗逆性强，桃、梅、红叶李、水杉、酢浆草、无花果、槐、金丝桃等花卉苗木对草甘膦反应极敏感，不宜使用。

盖草能有效去除禾本科杂草，如马唐、牛筋草、狗尾草等。每亩使用25~35 mL，加水30 kg喷雾，在杂草三至五叶期使用较佳；如在杂草旺盛期使用，需加大剂量。

第六章 园林植物的种植布局

第一节 种植布局的基本要素

一、种植布局的目的与要求

种植布局是园林设计中至关重要的一环,它直接影响到园林的景观效果、生态效益和人们的使用感受。因此,明确种植布局的目的与要求对于设计出优秀的园林作品至关重要。以下从四个方面分析种植布局的目的与要求。

(一)创造美观的景观效果

园林植物的种植布局的首要目的是创造美观的景观效果。通过合理的植物配置和布局,可以营造出丰富多样、层次分明的景观空间,使人们在欣赏园林时能够有美的享受。在种植布局中,应充分考虑植物的形态、色彩、质地等特性,以及它们之间的搭配和组合,形成和谐统一、自然流畅的景观效果。

首先,要注重植物的形态美。不同的植物具有不同的形态特点,如树形、叶形、花形等,通过合理的搭配和组合,可以形成丰富多样的景观形态。例如,利用乔木的高大挺拔和灌木的圆润丰满,可以营造出层次分明的景观空间。

其次,要注重植物的色彩美。植物的色彩是园林景观中不可或缺的元素之一,通过色彩的对比和呼应,可以增强景观的视觉效果。在种植布局中,应充分考虑植物的季相变化和色彩搭配,形成色彩丰富、层次分明的景观效果。例如,在春季利用樱花、桃花等开花植物营造出繁花似锦的景观效果,在秋季则利用银杏、枫叶等色叶植物营造出金黄的秋色景观。

最后，要注重植物的质地美。植物的质地是指其叶片、枝干等部分的触感和视觉效果。通过不同质地的植物搭配，可以形成丰富多样的景观效果。例如，利用柔软的草坪和粗糙的岩石相搭配，可以营造出一种粗犷与细腻相结合的景观效果。

（二）营造舒适的生态环境

园林植物的种植布局的另一个重要目的是营造舒适的生态环境。植物是园林生态系统中的重要组成部分，它们通过光合作用等过程为环境提供氧气、净化空气、降低噪声等生态效益。在种植布局中，应充分考虑植物的生态功能，选择具有良好生态效益的植物种类和配置方式。

首先，要选择适应性强、生长良好的植物种类。这些植物能够迅速生长并形成茂密的植被层，为环境提供有效的保护。同时，它们还能够适应不同的环境条件，保证园林生态系统的稳定性和可持续性。

其次，要注重植物配置的生态效益。在种植布局中，应充分考虑植物之间的相互作用和生态关系，形成合理的植物群落结构。例如，利用乔木、灌木、地被植物等不同的植物层次，形成多层次的植物群落结构，提高生态系统的稳定性和生态效益。

最后，还应注重植物的季相变化和生态过程。通过选择具有不同季相变化的植物种类和配置方式，可以营造出四季有景、季相分明的景观效果。同时，还应注重植物的生态过程，如利用湿地植物净化水源、利用攀爬植物进行垂直绿化等，进一步提高园林生态系统的生态效益。

（三）满足人们的休闲需求

园林是人们休闲娱乐的重要场所之一，种植布局应充分考虑人们的休闲需求。在种植布局中，应创造适合人们活动的空间环境，提供舒适、安全、便利的休闲设施。

（四）传承与发展园林文化

园林植物作为园林文化的重要载体之一，其种植布局应充分考虑文化的传承与发展。通过合理的植物配置和布局，可以展现出园林文化的内涵和特色，促进园林文化的传承和发展。

首先，要注重园林植物的文化价值。在种植布局中，应充分考虑植物的文化寓意和象征意义，选择具有文化内涵的植物种类和配置方式。例如，在园林中种植梅花、竹子等具有中国传统文化特色的植物种类，可以展现出园林的文化内涵和特色。

其次，要注重园林植物的科普教育功能。在种植布局中，可以设置植物科普展示区等场所，向游客介绍植物的知识和故事，提高人们的植物意识和环保意识。同时，还可以通过开展植物科普活动等方式，进一步促进园林文化的传承和发展。

综上所述，园林植物的种植布局的目的与要求是多方面的，需要在美观、生态、休闲和文化等方面进行综合考虑。只有满足这些要求，才能设计出优秀的园林作品，为人们提供舒适、美观、宜人的休闲环境。

二、种植布局的基本要素分析

（一）植物选择

在园林植物的种植布局中，植物选择是首要的基本要素。植物的选择直接决定了园林的整体风格、生态功能和景观效果。在进行植物选择时，需要综合考虑以下几个方面。

1. 生态适应性

选择适应当地气候、土壤等生态条件的植物种类，确保植物能够健康生长并长期保持良好的景观效果。同时，注重乡土植物的应用，体现地方特色。

2. 景观效果

考虑植物的形态、色彩、花期、季相变化等因素，选择具有观赏价值的植物种类，营造丰富多样的园林景观。通过不同植物的搭配和组合，形成层次分明、色彩丰富的景观效果。

3. 生态功能

注重植物的生态效益，选择具有空气净化、降噪、降温等功能的植物种类。通过植物的合理配置，提升园林的生态环境质量，为人们提供健康舒适的休闲环境。

4. 经济性

在选择植物时，还需考虑其经济成本。根据园林项目的预算和规模，选择价格适中、易于养护的植物种类，确保园林项目的可持续发展。

（二）空间布局

空间布局是种植布局的另一个重要基本要素。通过合理的空间布局，可以充分利用场地条件，创造出符合人们审美需求和功能需求的园林空间。在空间布局时，需要注意以下几个方面。

1. 功能性分区

根据园林的功能需求，将场地划分为不同的功能区域，如入口区、休闲区、观赏区等。通过合理的功能性分区，满足人们的不同需求，提高园林的使用效率。

2. 景观轴线与节点

确定园林的景观轴线和重要节点，通过植物的配置和布局，强化景观轴线和节点的视觉效果。同时，利用植物的形态和色彩变化，引导人们的视线和行动路线。

3. 空间层次与尺度

通过植物的配置和布局，形成丰富的空间层次和尺度变化。利用乔木、灌木、地被植物等不同的植物层次，营造出空间上的深远感和层次感。同时，注意植物的尺度与场地尺度的协调关系，确保园林空间的整体性和和谐性。

4. 开放性与私密性

在空间布局中，需要平衡开放性与私密性的关系。通过植物的配置和布局，形成既开放又相对私密的空间环境，满足人们不同的社交和休闲需求。

（三）种植形式

种植形式是种植布局中的具体表现手段。通过不同的种植形式，可以营造出不同的景观效果和空间氛围。常见的种植形式包括以下几种。

1. 孤植

将一株植物单独种植在场地中，形成独立的景观焦点，即孤植。孤植的植物通常选择形态优美、观赏价值高的种类。

2. 列植

将多株植物按照一定的序列排列种植，形成整齐划一的景观效果，及列植。列植常用于行道树、绿篱等场合。

3. 群植

将多株植物组合在一起种植，形成具有一定规模的植物群落，即群植。群植可以营造出丰富的景观层次和生态功能。

4. 丛植

将多株植物紧密地种植在一起，形成紧密的植物群体，即丛植。丛植常用于营造自然、野趣的景观效果。

（四）植物与环境的融合

在种植布局中，植物与环境的融合是至关重要的。通过植物与环境的融合，可以创造出自然、和谐、统一的园林景观。在融合过程中，需要注意以下几个方面。

1. 尊重自然环境

在种植布局时，应尊重场地的自然环境特征，如地形、水体、土壤等。通过合理的植物配置和布局，与自然环境相协调，营造出自然、生态的景观效果。

2. 强调整体效果

在种植布局中，应注重植物与环境的整体效果。通过植物的形态、色彩、质地等特性与环境的融合，形成统一、协调的景观效果。

3. 营造和谐氛围

在种植布局中，应注重植物与环境的和谐氛围的营造。通过植物的配置和布局，营造出宁静、舒适、宜人的休闲环境，满足人们的休闲需求。

4. 体现文化内涵

在种植布局中，应注重文化内涵的体现。通过选择具有文化内涵的植物种类和配置方式，展现园林的文化底蕴和特色，促进园林文化的传承和发展。

三、基本要素在种植布局中的应用

（一）植物选择在种植布局中的应用

在园林植物的种植布局中，植物选择是构建整体景观的基石。选择合适的植物种类，不仅能满足生态适应性和景观效果的需求，还能体现园林的特色和文化内涵。

1. 生态适应性的应用

在选择植物时，首先要考虑其生态适应性。根据园林所在地的气候、土壤、光照等条件，选择能够健康生长的植物种类。这样不仅能保证植物的成活率，还能使园林呈现出自然、生态的景观风貌。同时，注重乡土植物的应用，能够更好地融入当地环境，增强园林的地域特色。

2. 景观效果的应用

植物选择还应考虑其景观效果。通过选择具有观赏价值的植物种类，如形态优美的乔木、色彩丰富的花卉等，可以营造出丰富多样的园林景观。同时，注重植物的季相变化，如春季的繁花似锦、秋季的硕果累累等，能够使园林在不同季节呈现出不同的美景。

3. 生态功能的应用

在选择植物时，还应注重其生态功能。例如，选择具有空气净化、降噪、降温等功能的植物种类，能够提升园林的生态环境质量，为人们提供健康舒适的休闲环境。同时，利用植物的生态特性，如根系固土、枝叶遮荫等，还能够改善土壤质量、调节微气候等。

（二）空间布局在种植布局中的应用

空间布局是种植布局中的重要环节，它决定了园林的整体结构和景观效果。通过合理的空间布局，可以使园林呈现出层次丰富、功能明确、美观协调的景观风貌。

1. 景观轴线与节点的应用

在园林设计中，景观轴线和节点是构成整体景观框架的重要元素。通过确定景观轴线和重要节点，可以明确园林的视觉效果和空间导向。在种植布局中，利用植物的配置和布局，强化景观轴线和节点的视觉效果，形成引人瞩目的景观焦点。

2. 开放性与私密性的应用

在种植布局中，需要平衡开放性与私密性的关系。通过植物的配置和布局，形成既开放又相对私密的空间环境。在开放区域，利用低矮的植物或草坪等软质景观元素，营造出开阔、通透的视觉效果；在私密区域，利用高大的乔木或灌木等硬质景观元素，形成相对封闭、安静的空间氛围。

（三）种植形式在种植布局中的应用

种植形式是种植布局中具体表现植物美感和实现设计目标的重要手段。不同的种植形式能够营造出不同的景观效果和空间氛围，进一步丰富园林的视觉效果和体验感受。

1. 孤植的应用

孤植是一种将一株植物单独种植在场地中的种植形式。在种植布局中，孤植常用于强调某一植物个体的形态美或作为视觉焦点。通过精心选择孤植植物，如造型奇特的树木或色彩鲜艳的花卉，可以吸引人们的视线，增加景观的亮点。同时，孤植也可以用于点缀空间、打破单调的景观布局，以增加景观的层次感和变化性。

2. 列植的应用

列植是将多株植物按照一定的序列排列种植的种植形式。在种植布局中，列植常用于营造整齐划一、庄严肃穆的景观效果。例如，在行道树、绿篱等场合，通过列植的形式将植物整齐地排列在一起，形成一条笔直的绿色通道，给人们带来整齐、有序的视觉感受。此外，列植还可以用于分隔空间、引导视线等，使园林空间更加清晰、明确。

3. 群植的应用

群植是将多株植物组合在一起种植的种植形式。在种植布局中，群植常用于营造自然、野趣的景观效果。通过选择不同种类的植物进行组合搭配，可以形成具有一定规模的植物群落，营造出丰富多样的景观层次和生态功能。同时，群植还可以用于塑造地形、遮挡视线等，增加园林的趣味性和变化性。

4.丛植的应用

丛植是将多株植物紧密地种植在一起的种植形式。在种植布局中，丛植常用于营造紧密、浓密的植物群体效果。通过选择具有相似形态和色彩的植物进行丛植，可以形成一个整体感较强的植物景观，增强园林的视觉效果和冲击力。同时，丛植还可以用于填补空间、增加绿量等，提高园林的生态效益和景观质量。

（四）植物与环境的融合在种植布局中的应用

在种植布局中，植物与环境的融合是实现园林整体和谐统一的关键。通过充分考虑植物与环境的相互关系，可以使植物更好地融入环境，营造出自然、协调的景观效果。

1.尊重自然环境的应用

在种植布局中，应尊重场地的自然环境特征，如地形、水体、土壤等。通过选择合适的植物种类和种植形式，使植物与自然环境相协调，形成自然、生态的景观风貌。同时，注重保护场地的生态环境，避免过度开发和破坏自然环境。

2.强调整体效果的应用

在种植布局中，应注重植物与环境的整体效果。通过植物的配置和布局，使植物与周围的建筑、道路、水体等景观元素相协调，形成统一、和谐的景观效果。同时，注重植物与环境的色彩搭配和形态呼应，使整体景观更加协调、美观。

3.营造和谐氛围的应用

在种植布局中，应注重营造植物与环境的和谐氛围。通过选择合适的植物种类和种植形式，营造出宁静、舒适、宜人的休闲环境。同时，注重植物与环境的情感联系和文化内涵的表达，使人们在欣赏园林时能够感受到一种情感上的共鸣和文化上的认同。

4.体现文化内涵的应用

在种植布局中，应注重体现园林的文化内涵。通过选择具有文化内涵的植物种类和配置方式，展现园林的文化底蕴和特色。同时，注重植物与环境的文化象征和寓意表达，使人们在欣赏园林时能够感受到一种文化上的熏陶和启迪。

四、种植布局的合理性评估

（一）生态适应性的评估

在评估种植布局的合理性时，生态适应性是首要考虑的因素。生态适应性指的是植物在特定环境中的生长状况和生存能力。评估种植布局的合理性，需要分析植物种类与土壤、气候、光照等环境因素的匹配程度。

1. 土壤适应性评估

分析土壤的类型、pH 值、养分含量等因素，评估所选植物对土壤条件的适应性。土壤适应性良好的种植布局能够确保植物健康生长，减少病虫害的发生，提高园林的生态效益。

2. 气候适应性评估

考虑当地的气候特点，如温度、湿度、降雨量等，评估植物对气候条件的适应性。选择适应当地气候的植物种类，可以确保植物在四季中都能保持良好的生长状态，提高园林的观赏价值。

3. 光照适应性评估

光照是植物生长的重要条件之一。评估种植布局中植物的光照适应性，需要分析植物对光照强度、光照时间等因素的需求。合理的光照布局可以确保植物获得足够的光照、促进光合作用的进行，从而提高植物的生长质量。

4. 生态关系评估

在种植布局中，植物之间以及植物与动物、微生物等生物之间的关系也是需要考虑的因素。评估植物之间的相互作用，如竞争、共生等，以及植物对动物、微生物等生物的影响，可以确保种植布局的生态平衡和稳定性。

（二）功能性评估

功能性评估是种植布局合理性评估的重要方面。功能性评估主要关注种植布局是否能够满足园林的功能需求，包括观赏、休闲、娱乐等。

1. 观赏功能评估

评估种植布局中的植物种类、色彩、形态等因素是否能够营造出美观、和谐的景观效果。同时，考虑植物的季节性变化，评估种植布局在不同季节的观赏价值。

2. 休闲功能评估

分析种植布局是否能够提供舒适、宜人的休闲环境。考虑园林的空间布局、设施设置等因素，评估种植布局是否能够满足人们的休闲需求，提供足够的休息、交流空间。

3. 娱乐功能评估

评估种植布局中是否包含娱乐元素，如游乐设施、景观小品等。同时，考虑植物与娱乐设施的协调性，确保整体景观的和谐统一。

4. 功能性分区评估

评估种植布局中的功能性分区是否合理，是否能够满足不同功能区域的需求。考虑各功能区域之间的衔接和过渡，确保整体功能的协调性和连贯性。

（三）经济性评估

经济性评估是种植布局合理性评估的重要组成部分。经济性评估主要关注种植布局的成本和效益，包括植物的购买成本、养护成本及园林的观赏价值和生态效益等。

1. 成本分析

分析种植布局中植物的购买成本、种植成本及后续的养护成本等。通过合理的成本控制，可以降低园林的建设和维护成本，提高经济效益。

2. 效益分析

评估种植布局的经济效益和生态效益。考虑园林的观赏价值、休闲价值及生态功能等因素，分析种植布局对社会和环境的贡献程度。

3. 成本效益比分析

通过对比种植布局的成本和效益，分析成本效益比是否合理。合理的成本效益比可以确保园林的可持续发展，为社会和环境带来长期效益。

4. 经济性优化建议

根据成本效益比分析结果，提出经济性优化建议。通过优化植物选择、种植形式等要素，降低园林的建设和维护成本，提高经济效益和生态效益。

（四）可持续性评估

可持续性评估是种植布局合理性评估的重要方面。可持续性评估主要关注种植布局是否具备长期可持续的发展能力，包括生态可持续性、社会可持续性和经济可持续性。

1. 生态可持续性评估

评估种植布局对生态环境的影响和贡献程度。分析种植布局中植物的生态功能、生物多样性等因素，确保园林的生态系统稳定、健康。

2. 社会可持续性评估

评估种植布局对社会的影响和贡献程度。考虑园林对人们休闲、娱乐等需求的满足程度以及对社区文化的贡献等因素，确保园林能够持续满足社会需求并促进社区发展。

3. 经济可持续性评估

评估种植布局的经济可持续性。分析园林的经济效益、成本效益比等因素以及未来可能的经济增长点和发展趋势，确保园林的经济发展具有长期性和稳定性。

4. 可持续性提升建议

根据可持续性评估结果，提出可持续性提升建议。通过优化种植布局、加强养护管理、推广生态理念等措施，提升园林的可持续性水平并为未来发展奠定基础。

第二节　植物群落的构建

一、植物群落的定义与特征

（一）植物群落的定义

植物群落又称植物社区，是指在一定时间内占据一定空间的相互之间有直接或间接联系的各种植物的总和。它是植物与植物之间、植物与环境之间相互作用、相互依存而形成的具有一定结构和功能的复合体。植物群落的形成是植物在长期自然选择和适应环境过程中,通过竞争、共生等相互作用关系逐渐形成的稳定生态系统。

在详细解析植物群落定义时,我们可以从以下几个方面进行阐述。

1. 时间性

植物群落的形成是一个长期的过程,它随着时间的推移而逐渐发展、演替。这种时间性使得植物群落具有历史性和动态性,能够反映出植物与环境相互作用的历史轨迹。

2. 空间性

植物群落占据一定的空间范围,这种空间性使得植物群落具有地域性和边界性。不同地域的植物群落因其环境条件的差异而表现出不同的特征和结构。

3. 相互关联性

植物群落中的植物之间以及植物与环境之间存在着直接或间接的联系。这种相互关联性使得植物群落具有整体性和复杂性,能够形成独特的结构和功能。

4. 生态系统性

植物群落是一个完整的生态系统,它包括生产者(植物)、消费者(动物)和分解者(微生物)等生物成分以及非生物成分(如土壤、气候等)。这些成分之间相互依存、相互作用,共同维持着植物群落的稳定和繁荣。

（二）植物群落的特征

植物群落作为一个复杂的生态系统,具有以下几个显著特征。

1. 种类组成多样性

植物群落中通常包含多种植物种类,这些植物在形态、生理、生态等方面存在差异。这种多样性使得植物群落具有更高的适应性和稳定性,能够在不同的环境条件下生存和繁衍。

2. 结构层次性

植物群落的结构通常具有层次性,包括乔木层、灌木层、草本层等。这种层次性使得植物群落能够充分利用空间资源,提高光能利用率和物质循环效率。

3. 功能完整性

植物群落作为一个完整的生态系统，具有多种生态功能，如净化空气、调节气候、保持水土等。这些功能对于维护生态平衡和人类福祉具有重要意义。

4. 动态演替性

植物群落是一个动态变化的系统，它会随着时间的推移而逐渐演替。这种演替性使得植物群落能够适应环境变化，保持生态系统的稳定性和可持续性。

在详细分析植物群落特征时，我们可以结合具体的实例和数据来加以说明。例如，通过对比不同地域的植物群落种类组成和结构层次，可以揭示植物群落多样性和层次性的具体表现；通过分析植物群落的生态功能，可以评估其在维护生态平衡和保障人类福祉方面的作用；通过观察植物群落的演替过程，可以了解植物群落如何适应环境变化并维持生态系统的稳定性。

（三）植物群落的构建过程

植物群落的构建过程是一个复杂而精细的生态过程，它涉及植物种类的选择、生长、繁殖以及植物与环境之间的相互作用等多个方面。以下是从生态学和生物学角度对植物群落构建过程的详细分析。

1. 物种的选择与引入

在植物群落的构建初期，首先需要根据环境条件和设计目标选择适合的植物种类。这些植物种类应该能够适应当前的环境条件，并能在未来形成稳定的群落结构。通过人工引入或自然扩散等方式，将选定的植物种类引入目标区域。这一过程需要充分考虑植物的生长习性、生态位以及与其他物种的相互作用关系。

2. 植物的生长与竞争

在引入植物后，它们将开始生长并与其他植物竞争资源（如光照、水分、养分等）。竞争的结果将影响植物的存活率和生长速度，进而影响群落的结构和组成。在这个过程中，一些具有竞争优势的植物种类将逐渐占据主导地位，形成群落的主体结构。而那些竞争力较弱的植物种类则可能被淘汰或形成亚群落。

3.植物的繁殖与扩散

随着时间的推移，植物将通过繁殖和扩散进一步丰富群落的物种组成。繁殖方式包括有性繁殖和无性繁殖两种形式，它们各自具有不同的生态学意义。有性繁殖通过种子传播实现植物的远距离扩散，有助于植物种群在不同环境条件下的适应和演替。无性繁殖则通过分株、匍匐茎等方式实现植物的近距离扩散，有助于植物种群在局部环境条件下的扩张和巩固。

4.植物与环境的相互作用

植物群落的构建过程不仅受到植物种类之间的竞争和扩散的影响，还受到环境因素的制约。气候、土壤、地形等环境因素对植物群落的构建具有重要影响。例如，气候因素通过影响植物的生长速度和繁殖周期来影响群落的构建过程；土壤因素则通过提供植物生长所需的养分和水分来影响群落的物种组成和结构。

5.群落结构的稳定与演替

经过一段时间的演替和发展，植物群落将逐渐形成一个相对稳定的结构。这个结构能够在一定程度上抵抗外界干扰和环境变化的影响，维持群落的稳定性和可持续性。然而，随着环境条件的改变和植物种群的更新迭代，植物群落也将发生进一步的演替和变化。这种演替和变化是植物群落适应环境变化、实现自我更新和发展的重要途径。

（四）植物群落构建的影响因素

植物群落的构建不仅受到自然因素的影响，还受到一系列人为因素的深刻影响。这些因素直接或间接地作用于植物群落，从而影响其构建过程和最终的结构特征。

1.人为干扰

人类活动对植物群落的干扰是最为显著的人为因素之一。一方面，这种干扰可以表现为直接的物理破坏，如砍伐、开垦等，也可以表现为间接的生态影响，如污染排放、水资源调配等。这些干扰行为往往导致植物群落的破坏、退化或结构变化。另一方面，人类也可以通过合理的规划和管理措施来促进植物群落的构建和恢复。例如，通过植树造林、生态修复等措施，可以提升植物群落的多样性和稳定性。

2.引入外来物种

随着全球化和贸易的发展，外来物种的引入成为影响植物群落构建的重要因素之一。外来物种可能通过自然扩散或人为引入的方式进入新的生态系统，对原有植物群落的结构和稳定性产生显著影响。外来物种的引入可能导致本地物种的消失或数量减少，破坏原有群落的生态平衡。同时，一些外来物种可能具有较强的竞争力和适应性，成为优势种，进一步改变群落的结构和特征。

3.管理措施

管理措施是影响植物群落构建的重要人为因素之一。不同的管理措施可能对植物群落产生不同的影响。例如，过度的放牧可能导致草地退化，降低植物群落的多样性和稳定性；而适当的轮牧和补播则可以促进草地的恢复和更新。此外，森林采伐、农业耕作等管理措施也能对植物群落的结构和特征产生影响。因此，在制定管理措施时，需要充分考虑其对植物群落的影响，并采取相应的措施来保护和管理植物群落。

4.社会文化和经济因素

社会文化和经济因素也是影响植物群落构建的重要因素之一。不同的社会文化和经济背景可能导致对植物群落的不同需求和利用方式。例如，一些地区可能更加注重植物群落的保护和恢复，而另一些地区则可能更加关注植物资源的开发和利用。这些社会文化和经济因素可能导致对植物群落的不同管理方式和策略，进而影响植物群落的构建过程和最终的结构特征。

综上所述，植物群落的构建是一个复杂而精细的过程，受到自然因素和人为因素的共同影响。在理解和预测植物群落的构建过程时，需要充分考虑这些影响因素的作用和相互关系。同时，也需要采取合理的措施来保护和管理植物群落，维护其多样性和稳定性，促进生态系统的健康和可持续发展。

二、植物群落的构建原则

（一）生态适应性原则

在植物群落的构建过程中，首要考虑的是生态适应性原则。这一原则强调植物种类的选择应基于其对当地环境的适应性和生存能力。生态适应性不仅涉及植物对光照、温度、水分、土壤等物理因素的适应性，还包括对生物因素（如病虫害、共生关系等）的适应性。

1. 物种选择

在选择植物种类时，应优先选择适应当地生态环境的物种，避免引入与当地环境不适应的外来物种。这有助于确保植物群落的稳定性和可持续性。

2. 群落结构

构建植物群落时，应充分考虑物种之间的生态位关系，合理安排乔木层、灌木层、草本层等层次结构，以促进资源的合理利用和生态系统的稳定。

3. 群落演替

尊重自然演替规律，避免人为过度干预。在植物群落构建过程中，应允许自然选择和竞争机制发挥作用，逐步筛选出适应当地环境的优势物种。

生态适应性原则的实现，需要深入了解当地生态系统的特点和需求，通过科学研究和实地考察来确定合适的植物种类和群落结构。同时，也需要加强对植物群落构建过程的监测和评估，确保生态适应性原则的贯彻实施。

（二）生物多样性原则

生物多样性是生态系统稳定性和功能性的重要保障。在植物群落的构建过程中，应充分考虑生物多样性的维护和提高。

1. 物种多样性

通过引入不同种类的植物，可以增加植物群落的物种多样性。这有助于提高生态系统的稳定性和恢复能力，减少病虫害的发生和传播。

2. 遗传多样性

在引入植物种类时，应关注其遗传多样性。选择具有不同遗传背景的植株进行繁殖和引入，有助于增加植物群落的遗传多样性，提高生态系统的适应性和抗逆性。

3. 生态系统多样性

除了植物种类和遗传多样性外，还应关注生态系统的多样性。在构建植物群落时，应充分考虑不同生态系统类型（如森林、草原、湿地等）的需求和特点，构建多样化的生态系统类型。

生物多样性原则的实现，需要加强对生物多样性的保护和恢复工作。通过制定科学合理的保护策略和管理措施，降低人类活动对生物多样性的影响并减少对自然的破坏。同时，也需要加强对生物多样性的监测和评估工作，及时发现和解决生物多样性下降的问题。

（三）可持续性原则

可持续性原则强调在植物群落构建过程中，应充分考虑生态系统的可持续性和长期稳定性。

1. 长期效益

在植物群落构建过程中，应关注其长期效益而非短期利益。通过选择适应当地环境的植物种类和群落结构，确保植物群落的长期稳定性和可持续性。

2. 生态系统服务

植物群落作为生态系统的重要组成部分，为人类提供了许多生态系统服务（如水源涵养、碳储存、生物多样性保护等）。在构建植物群落时，应充分考虑其生态系统服务功能的发挥和维持。

3. 资源整合

在植物群落构建过程中，应充分整合各种资源（如土地、水资源、人力资源等），实现资源的高效利用和合理配置。通过科学合理的规划和设计，减少资源浪费和环境污染。

可持续性原则的实现，需要加强对植物群落构建过程的规划和管理。通过制订科学合理的规划和设计方案，确保植物群落的可持续性和长期稳定性。同时，也需要加强对植物群落构建过程的监测和评估工作，以便及时发现和解决问题。

（四）和谐共生原则

在植物群落的构建过程中，和谐共生原则强调不同物种之间的互利共生关系，以及植物与环境之间的和谐统一。这一原则不仅有助于提升植物群落的稳定性和多样性，还能促进整个生态系统的健康和繁荣。

1. 种间关系

在植物群落中，不同物种之间存在着复杂的种间关系，包括竞争、共生、寄生等。在构建植物群落时，应充分考虑这些种间关系，选择能够相互促进、和谐共生的植物种类。例如，通过引入能够固氮或改善土壤结构的植物种类，促进植物群落的营养循环和土壤健康。

2.群落结构

在植物群落的构建过程中，应注重群落结构的合理性。通过合理配置乔木层、灌木层、草本层等层次结构，以及合理安排植物种类在空间上的分布，促进植物群落的和谐共生。这种合理的群落结构有助于减少种间竞争，提高资源利用效率，同时增强植物群落的稳定性和抗逆性。

3.环境适应性

和谐共生原则还强调植物与环境之间的和谐统一。在构建植物群落时，应充分考虑当地环境的特点和需求，选择适应当地环境的植物种类和群落结构。这种适应性不仅体现在对物理因素的适应性上，还体现在对生物因素的适应性上。通过引入与当地生态系统相适应的植物种类，促进植物群落与环境的和谐共生。

4.人类活动的影响

在植物群落的构建过程中，还需要考虑人类活动的影响。人类活动往往会对植物群落造成不同程度的干扰和破坏。因此，在构建植物群落时，应充分考虑人类活动的影响并采取相应的措施来减少这种影响。例如，在规划城市绿地时，应充分考虑绿地与周围环境的协调性和和谐性，避免过度开发和破坏绿地生态环境。

和谐共生原则的实现需要综合考虑多种因素，包括物种选择、群落结构、环境适应性及人类活动的影响等。通过科学合理的规划和设计，可以促进植物群落内部的和谐共生关系，提高生态系统的稳定性和健康水平。同时，也需要加强对植物群落构建过程的监测和评估工作，及时发现和解决问题，确保和谐共生原则的贯彻实施。

三、植物群落的类型与选择

（一）植物群落类型的认识

植物群落作为生态系统的重要组成部分，其类型多样且复杂。了解植物群落的类型对于正确选择和构建植物群落至关重要。植物群落类型通常根据物种组成、结构特征、外貌特征和生态功能等方面进行分类。例如，按照植被型划分，可分为森林、草原、荒漠、湿地等；按照生活型划分，则可分为乔木群落、灌木群落、草本群落等。每种植物群落类型都有其独特的生态特征和适应环境，因此，在选择植物群落类型时，必须充分考虑当地的气候条件、土壤类型、水文状况等自然因素。

（二）植物群落选择的依据

在选择植物群落类型时，需要依据多种因素进行综合考虑。首先，要考虑当地的自然条件和生态需求，选择与当地环境相适应的植物群落类型。其次，要考虑植物群落的生态功能和效益，如水源涵养、土壤保持、空气净化等，以满足当地生态系统的需求。此外，还要考虑植物群落的景观效果和经济效益，如观赏价值、旅游开发等，以实现植物群落的综合效益最大化。

（三）植物群落选择的策略

在选择植物群落类型时，需要遵循一定的策略。首先，要进行详细的现场调查和分析，了解当地的自然条件和生态需求，为植物群落的选择提供科学依据。其次，要进行综合评估和比较，对不同植物群落类型的适应性、生态功能和效益进行评估和比较，选择最适合的植物群落类型。最后，还需要考虑植物群落的稳定性和可持续性，选择能够长期维持稳定状态并适应环境变化的植物群落类型。

在选择植物群落时，还需要注意以下几点：首先，要避免盲目引进外来物种，以免对当地生态系统造成破坏；其次，要充分考虑植物群落的物种多样性和遗传多样性，以保持生态系统的稳定性和健康；最后，还需要注重植物群落的生态连通性，确保不同植物群落之间的生态联系和物质循环。

（四）植物群落选择的案例分析

为了更好地说明植物群落选择的原则和策略，我们可以结合一些实际案例进行分析。例如，在城市绿地建设中，可以选择适应当地气候和土壤条件的乡土树种和植物群落类型，以营造具有地方特色的城市绿地景观。在生态修复项目中，可以根据受损生态系统的特点和需求，选择具有生态修复功能的植物群落类型，如湿地植物群落、防风固沙植物群落等。这些案例都充分说明了植物群落选择的重要性和实际应用价值。

总之，植物群落的类型与选择是一个复杂而重要的过程。只有充分了解植物群落的类型和特点，依据当地的自然条件和生态需求进行选择，并遵循科学的策略和原则进行实施，才能确保植物群落的稳定性和可持续性，为生态系统的健康和繁荣做出贡献。

四、植物群落的稳定性与可持续性

（一）植物群落稳定性的重要性

植物群落的稳定性是生态系统健康和功能持续发挥的基础。一个稳定的植物群落能够在环境变化或外界干扰下保持其结构和功能的相对恒定，为其他生物提供稳定的生存环境和资源。植物群落的稳定性不仅关乎生态系统的健康，也直接关系到人类社会的可持续发展。一个稳定的植物群落能够维持生物多样性、土壤肥力、水源涵养等生态服务功能的正常运作，为人类提供丰富的生态资源和优美的自然环境。

在分析植物群落稳定性时，我们需要关注群落的物种组成、结构特征、生态过程和对外界干扰的响应能力等方面。一个稳定的植物群落通常具有较高的物种多样性和复杂的结构层次，能够抵御外界干扰并保持其自我恢复能力。此外，植物群落的稳定性还受到其内部生态过程（如营养循环、物种竞争和共生关系等）的调控。

（二）植物群落可持续性的内涵

植物群落的可持续性是指在满足当前人类需求的同时，不损害未来世代满足其需求的能力。这种可持续性要求我们在植物群落的管理和利用过程中，要充分考虑生态系统的承载能力和恢复能力，确保生态系统的健康和稳定。

植物群落的可持续性涉及多个方面，包括物种多样性的保护、生态功能的维持、资源的合理利用及人类活动的环境影响等。在植物群落的管理和利用过程中，我们需要遵循生态学原理和可持续发展理念，采取科学的管理措施和技术手段，确保植物群落的稳定性和可持续性。

(三)植物群落稳定性与可持续性的影响因素

植物群落的稳定性和可持续性受到多种因素的影响。首先,自然因素,如气候变化、土壤侵蚀、水资源短缺等都会对植物群落的稳定性和可持续性产生重要影响。这些自然因素的变化可能导致植物群落的物种组成和结构发生变化,进而影响其稳定性和可持续性。

其次,人为因素,如过度开发、污染排放、不合理利用等也会对植物群落的稳定性和可持续性造成威胁。人类活动可能破坏植物群落的生态环境和生态过程,导致生态系统功能的退化和丧失。

最后,植物群落内部的生态关系和物种间相互作用也会影响其稳定性和可持续性。例如,物种间的竞争和共生关系、营养循环和能量流动等生态过程对于植物群落的稳定性和可持续性具有重要影响。

(四)提升植物群落稳定性与可持续性的策略

为了提升植物群落的稳定性和可持续性,我们需要采取一系列的策略和措施。

首先,要加强植物群落保护的法律法规建设,确保植物群落的合法保护和合理利用。

其次,要加强科学研究和监测评估工作,深入了解植物群落的生态过程和稳定性机制,为制定科学合理的保护策略提供科学依据。

再次,我们还可以采取生态修复和恢复措施,通过植被重建、土壤改良、水源涵养等手段,改善植物群落的生态环境和生态功能。同时,要加强宣传和教育工作,提高公众对植物群落保护和可持续发展的认识和意识。

最后,我们需要加强国际合作和交流,共同应对全球性的生态环境问题,推动植物群落保护和可持续发展的国际合作和共同行动。通过共同努力,我们可以提升植物群落的稳定性和可持续性,为生态系统的健康和人类的可持续发展做出积极贡献。

第三节　植物的种植密度与空间布局

一、种植密度的概念与影响因素

（一）种植密度的概念

种植密度指的是单位面积上种植的植物数量或植株间的空间距离。在农业、园艺和生态恢复等多个领域中，种植密度都是一项关键的参数。它直接关系到植物的生长状态、产量、品质以及生态系统的结构和功能。种植密度的选择不仅影响植物的生长发育，还关系到土地利用效率、资源利用和经济效益等多个方面。

（二）种植密度的影响因素

1. 植物种类与品种特性

不同植物种类和品种对种植密度的需求差异显著。例如，一些高秆作物需要较大的生长空间，种植密度应适当降低；而一些矮秆、密集型的作物则可以在单位面积上种植更多植株。此外，品种特性如生长习性、分枝能力、抗病虫害能力等也会影响种植密度的选择。

2. 土壤条件

土壤是植物生长发育的基础，土壤肥力、质地、水分状况等都会影响植物的根系发育和地上部分生长。在肥沃的土壤中，植物生长旺盛，种植密度可适当增加；而在贫瘠的土壤中，则需要适当降低种植密度，以保证植物的正常生长。

3. 气候条件

气候条件包括温度、光照、降水等，对植物的生长速度和生长周期有显著影响。在光照充足、温度适宜、降水适中的地区，植物生长迅速，种植密度可适当提高；而在光照不足、温度过低或降水过多的地区，则需要适当降低种植密度，以减少因生长受限而导致的产量损失。

4. 栽培技术与管理水平

栽培技术和管理水平是影响种植密度的另一个重要因素。先进的栽培技术和精细的管理措施可以提高植物的生长效率和产量，使得在相同的种植密度下获得更高的收益。反之，若栽培技术和管理水平落后，则可能导致植物生长不良、病虫害频发等问题，从而需要适当降低种植密度以保证产量和品质。

（三）种植密度对植物生长发育的影响

合理的种植密度可以促进植物的正常生长发育，提高光合作用效率和资源利用效率。种植密度过高可能导致植物间竞争加剧，影响通风透光条件，增加病虫害发生的风险；而种植密度过低则可能导致土地利用率降低，影响产量和经济效益。因此，在实际生产中，需要根据植物种类、品种特性、土壤条件、气候条件、栽培技术和管理水平等因素综合考虑，选择合适的种植密度。

（四）种植密度的调整与优化

随着农业科技的发展和栽培技术的进步，种植密度的调整与优化逐渐成为提高作物产量和品质的重要手段。通过合理调整种植密度，可以优化植物群体的空间结构，改善通风透光条件，减少病虫害发生的风险；同时，还可以提高土地利用效率和资源利用效率，实现高产、优质、高效的目标。在实际生产中，应根据具体情况灵活调整种植密度，并结合其他栽培措施和管理措施，实现作物的高产、稳产和可持续发展。

二、种植密度的确定方法

（一）基于植物生理特性的确定方法

植物生理特性是确定种植密度的首要考虑因素。不同植物种类和品种在生长习性、光照需求、水分利用等方面存在差异，这些差异决定了植物对种植密度的适应性。例如，一些高光效作物需要较大的空间以充分利用光能，而一些耐阴作物则可以在较小的空间内生长。因此，了解植物的生理特性，包括光合效率、呼吸作用、蒸腾作用等，有助于确定合适的种植密度。

在确定种植密度时，可以通过实验室测定或田间试验的方法，了解植物在不同种植密度下的生理响应。例如，可以测定不同种植密度下植物的光合速率、蒸腾速率和生长速率等指标，以评估种植密度对植物生理特性的影响。根据这些生理特性的测定结果，可以初步确定一个合理的种植密度范围。

（二）基于土壤和环境条件的确定方法

土壤和环境条件是影响种植密度的另一个重要因素。土壤肥力、水分状况、土壤类型及气候条件等都会对植物的生长和产量产生影响。因此，在确定种植密度时，需要充分考虑土壤和环境条件的影响。

首先，可以通过土壤测试了解土壤的肥力状况，包括有机质含量、氮磷钾等营养元素的含量及土壤的酸碱度等。这些土壤肥力指标可以反映土壤对植物的供养能力，从而影响种植密度的选择。例如，在肥沃的土壤中，植物生长旺盛，可以适当增加种植密度；而在贫瘠的土壤中，则需要适当降低种植密度以保证植物的正常生长。

其次，需要考虑气候条件的影响。温度、光照、降水等气候条件对植物的生长速度和生长周期有显著影响。在气候条件适宜的地区，植物生长迅速，可以适当提高种植密度；而在气候条件恶劣的地区，则需要适当降低种植密度以减少生长受限的风险。

（三）基于栽培技术和经济效益的确定方法

栽培技术和经济效益是确定种植密度的另一个重要考虑因素。先进的栽培技术和精细的管理措施可以提高植物的生长效率和产量，而合理的种植密度则可以实现经济效益的最大化。

在确定种植密度时，需要考虑栽培技术的可行性和经济性。例如，可以采用高产栽培技术和机械化作业来提高生产效率和产量；同时，也需要考虑种植密度对种子、肥料、农药等投入品的需求以及市场价格的波动对经济效益的影响。通过综合考虑栽培技术和经济效益的因素，可以确定一个既有利于植物生长又有利于经济效益的种植密度。

（四）基于实践经验和试验结果的确定方法

实践经验和试验结果是确定种植密度的重要依据。在实际生产中，农民和农业技术人员积累了丰富的实践经验，这些经验对于确定种植密度具有重要的参考价值。同时，通过田间试验和示范推广等方式，可以验证不同种植密度下的生产效果和经济效益，为确定合理的种植密度提供科学依据。

在利用实践经验和试验结果确定种植密度时，需要综合考虑多个因素的作用和相互影响。例如，可以比较不同种植密度下的产量、品质、经济效益等指标，选择最优的种植密度方案；同时，也需要关注植物的生长状况、病虫害发生情况以及土壤和环境条件的变化等因素对种植密度的影响。通过综合考虑这些因素的作用和相互影响，可以确定一个既科学合理又切实可行的种植密度。

三、空间布局的原则与技巧

（一）空间布局的基本原则

空间布局是植物种植中极为重要的一环，它决定了植物的生长环境、资源利用效率及生态系统的稳定性。在进行空间布局时，需要遵循以下基本原则。

1. 合理利用空间

植物的空间布局应充分利用土地资源，避免浪费。同时，要根据植物的生长习性和需求，合理安排植株间的距离，确保植物能够充分接受光照、空气和水分等资源。

2. 多样性原则

在空间布局中，应注重植物种类的多样性。不同植物之间的互补作用可以提高生态系统的稳定性和资源利用效率。同时，多样性还能增加景观的丰富性和美感。

3. 适应性原则

空间布局应充分考虑植物对环境的适应性。不同植物对光照、温度、水分等环境因素的需求不同，应根据植物的生长习性和需求进行合理布局，确保植物能够在适宜的环境中生长。

4. 可持续性原则

空间布局应有利于生态系统的可持续发展。在布局过程中，应尽量减少对环境的破坏和污染，保持生态系统的平衡和稳定。同时，应注重资源的循环利用和节约使用，实现生态与经济的双赢。

（二）空间布局的技巧

1. 层次布局

层次布局是一种常见的空间布局技巧。通过合理安排不同高度的植物，可以形成丰富的层次感和立体感。这种布局方式可以充分利用空间资源，提高植物的光合作用效率和资源利用效率。同时，层次布局还能增加景观的多样性和美感。

2. 块状布局

块状布局是将同种或相似植物集中种植在一起的布局方式。这种布局方式有利于植物之间的互补作用和信息交流，提高生态系统的稳定性和资源利用效率。同时，块状布局还能方便管理和维护，降低生产成本。

3. 带状布局

带状布局是将不同植物按照一定顺序和距离种植成带状或条状的布局方式。这种布局方式有利于植物之间的通风和透光，减少病虫害的发生和传播。同时，带状布局还能美化环境、提高土地利用率和经济效益。

4. 混合式布局

混合式布局是将不同植物随机或交错种植在一起的布局方式。这种布局方式可以充分利用空间资源，提高生态系统的稳定性和资源利用效率。同时，混合式布局还能增加景观的多样性和趣味性，提高人们的观赏体验。

（三）空间布局与生态功能的关系

空间布局不仅影响植物的生长和景观效果，还与生态系统的功能密切相关。合理的空间布局可以提高生态系统的稳定性和资源利用效率，促进生态系统的健康发展。例如，通过合理安排植物种类和布局方式，可以提高生态系统的碳汇能力、水源涵养能力和土壤保持能力等。

（四）空间布局的优化策略

为了进一步优化空间布局，提高生态系统的稳定性和资源利用效率，可以采取以下策略。

（1）引入先进的空间布局理念和技术，如景观生态学、地理信息系统等，为空间布局提供科学依据和技术支持。

（2）加强植物种类和品种的选择和培育工作，选择适应性强、生态效益好的植物种类和品种进行种植。

（3）充分考虑土壤和环境条件的影响，根据植物的生长习性和需求合理布局。

（4）加强空间布局的监测和评估工作，及时发现并调整不合理的布局方式，确保生态系统的稳定和可持续发展。

四、种植密度与空间布局的协调

（一）种植密度与空间布局的关系

种植密度与空间布局是植物种植中两个密不可分的因素。种植密度决定了单位面积内植物的数量，而空间布局则决定了植物之间的排列方式和相互关系。两者相互影响、相互制约，共同影响着植物的生长状态、产量、品质以及生态系统的结构和功能。

首先，种植密度与空间布局共同决定了植物的生长环境。种植密度过高会导致植物间竞争加剧，影响通风透光条件，增加病虫害发生的风险；而种植密度过低则可能导致土地利用率降低，影响产量和经济效益。同时，空间布局的不合理也会影响植物的生长环境，如过于密集的布局会导致植物间相互遮挡，影响光照和通风；而过于松散的布局则可能导致资源浪费和生态功能减弱。

其次，种植密度与空间布局的协调可以优化资源配置，提高生产效率。通过合理安排种植密度和空间布局，可以使植物充分利用光照、空气和水分等资源，提高光合作用效率和资源利用效率。同时，合理的空间布局还可以减少病虫害的发生和传播，降低生产成本，提高经济效益。

（二）种植密度与空间布局协调的方法

1. 综合考虑植物特性与环境条件

在选择种植密度和空间布局时，应综合考虑植物的生长习性、需求及环境条件等因素。不同植物对光照、温度、水分等环境因素的需求不同，应根据植物特性选择合适的种植密度和空间布局方式。

2. 合理规划土地利用

土地利用规划是种植密度与空间布局协调的基础。在规划过程中，应充分考虑土地资源的有限性和生态系统的稳定性，合理安排土地利用方式和种植结构。通过优化土地利用规划，可以实现种植密度与空间布局的协调统一。

3. 引入现代科技手段

现代科技手段如遥感技术、地理信息系统等可以为种植密度与空间布局的协调提供有力支持。通过运用这些技术手段，可以更加精确地获取土地利用信息和环境信息，为种植密度和空间布局的优化提供科学依据。

（三）种植密度与空间布局协调对生态系统的影响

种植密度与空间布局的协调对生态系统的结构和功能具有重要影响。合理的种植密度和空间布局可以促进植物之间的互补作用和信息交流，提高生态系统的稳定性和资源利用效率。同时，协调的种植密度和空间布局还可以减少病虫害的发生和传播，保护生态环境。此外，通过合理安排种植密度和空间布局，还可以增加生态系统的生物多样性，提高生态系统的服务功能。

（四）种植密度与空间布局协调的实践意义

种植密度与空间布局的协调具有重要的实践意义。首先，它有利于提高农业生产效率和经济效益。通过优化种植密度和空间布局，可以使植物充分利用资源，提高产量和品质，降低生产成本。其次，它有利于保护生态环境和可持续发展。协调的种植密度和空间布局可以减少对环境的破坏和污染，保持生态系统的平衡和稳定。最后，它有利于提升景观效果和人们的生活质量。通过合理安排植物种类和布局方式，可以美化环境、提高景观的多样性和美感，为人们提供舒适宜人的生活环境。

第四节 植物的种植层次与结构

一、种植层次的概念与意义

（一）种植层次的概念

种植层次是指在植物种植过程中，根据植物的生长习性、景观需求以及生态功能等因素，将不同种类、高度、形态和生长习性的植物进行有层次、有序列的排列组合。这种排列组合不仅关注植物个体的生长需求，还强调植物群落的整体结构和功能，以实现生态、景观和经济的和谐统一。

种植层次的概念包含了多个维度，如垂直层次、水平层次、时间层次等。垂直层次指的是植物在高度上的排列，如乔木层、灌木层、地被层等；水平层次则是指植物在平面上的布局，如组团式、带状、块状等；时间层次则是指植物在不同生长阶段和季节中的变化，如季相变化、生长节律等。

（二）种植层次的意义

1. 生态效益

合理的种植层次能够充分利用空间资源，提高生态系统的稳定性和生物多样性。不同层次的植物可以形成复杂的群落结构，有利于生态环境的改善和生物多样性的保护。同时，合理的种植层次还能提高生态系统的碳汇能力、水源涵养能力和土壤保持能力等。

2. 景观效果

种植层次的变化可以形成丰富的景观效果，增强景观的层次感和立体感。通过合理的植物搭配和布局，可以营造出不同的景观氛围和风格，满足人们的审美需求。同时，种植层次的变化还能增加景观的多样性和趣味性，提高人们的观赏体验。

3. 经济效益

合理的种植层次能够提高土地利用率和农业生产效率。通过优化种植结构和布局，可以充分利用土地资源，提高农作物的产量和品质。同时，合理的种植层次还能降低生产成本，提高经济效益。

4.社会效益

种植层次的变化不仅具有生态和景观价值，还具有社会效益。通过合理的植物搭配和布局，可以营造宜人的居住环境，提高人们的生活质量。同时，种植层次的变化还能促进生态环境的改善和生态文化的传播，增强人们的环保意识和生态意识。

（三）种植层次的生态学原理

种植层次的生态学原理主要包括群落结构原理、生态位原理和生物多样性原理等。群落结构原理强调植物群落的层次性和复杂性，通过合理的种植层次可以提高生态系统的稳定性和抗干扰能力。生态位原理则是指不同植物在生态系统中所占据的地位和所起的作用不同，通过合理的种植层次可以实现植物之间的互补和共生。生物多样性原理则强调植物种类的多样性对于生态系统的重要性，通过增加种植层次中的植物种类可以提高生态系统的生物多样性和稳定性。

（四）种植层次的设计原则

种植层次的设计原则主要包括因地制宜、适地适树、层次丰富和和谐统一等。因地制宜是指根据具体的地理环境和气候条件选择合适的植物种类和种植方式；适地适树是指根据植物的生长习性和需求选择合适的种植地点和土壤条件；层次丰富是指通过合理的植物搭配和布局形成丰富的层次感和立体感；和谐统一是指在整个种植层次中保持协调统一和和谐共生的关系。

二、种植层次的设计原则

（一）因地制宜原则

因地制宜是种植层次设计的首要原则。这一原则强调在植物种植层次的设计过程中，必须充分考虑种植地的自然环境和生态条件，包括气候、土壤、地形、光照、水分等因素。因地制宜意味着在植物的选择上，要优先选择适应当地生态环境的植物种类，确保植物能够在种植地良好生长。同时，在设计过程中还需注意对地形地貌的利用，如山体、坡地、水系等自然元素，通过合理的布局和搭配，使植物与自然环境相协调，实现和谐共生的目的。

因地制宜的设计原则还有助于降低种植成本和维护成本。选择适应当地环境的植物种类，可以减少对特殊养护措施的需求，降低人力和物力的投入。此外，利用自然地形和元素进行设计，可以节省土地资源和工程成本，提高土地利用率。

在具体实践中，因地制宜原则要求设计师在进行种植层次设计前，要对种植地进行充分的调研和分析，了解当地的气候、土壤、地形等自然条件，以及植物的生长习性和需求。在此基础上，设计师需要根据分析结果制订科学、合理的种植方案，确保植物能够在种植地健康生长，同时实现良好的生态和景观效果。

（二）适地适树原则

适地适树原则是指在种植层次设计中，要根据植物的生物学特性和生态习性，选择适合在特定地点生长的树种。这一原则强调植物与环境的适应性，要求在选择植物时充分考虑其生长需求和适应性，避免盲目引进和种植不适宜当地环境的植物种类。

适地适树的设计原则有助于提高植物的成活率和生长质量。选择适合当地环境的植物种类，可以确保植物在种植后能够迅速适应环境，减少因环境不适应而导致的生长不良和死亡现象。同时，适地适树的设计原则还有助于保持生态系统的稳定性和多样性，避免因植物种类不适应而导致的生态失衡和物种入侵等问题。

在具体实践中，适地适树原则要求设计师在选择植物时，要充分了解其生长习性和适应性，包括耐寒性、耐旱性、耐阴性等。同时，设计师还需要根据种植地的环境条件，选择与之相适应的植物种类和品种。例如，在干旱地区应选择耐旱性强的植物种类，在寒冷地区应选择耐寒性强的植物种类，在光照不足的地区应选择耐阴性强的植物种类等。

（三）层次丰富原则

层次丰富原则是指在种植层次设计中，要注重植物种类的多样性和层次性，通过合理的搭配和布局，形成丰富多样的植物群落。这一原则强调在植物种植过程中，要充分利用植物的高度、形态、色彩等特性，形成错落有致、层次分明的植物景观。

层次丰富的设计原则有助于提高景观的观赏价值和生态价值。通过合理的植物搭配和布局，可以形成丰富多样的植物群落和景观效果，增强景观的层次感和立体感。同时，层次丰富的植物群落还有助于提高生态系统的稳定性和生物多样性，增强生态系统的生态功能和景观功能。

在具体实践中，层次丰富原则要求设计师在进行种植层次设计时，要充分考虑植物的高度、形态、色彩等特性，通过合理的搭配和布局，形成丰富多样的植物群落和景观效果。同时，设计师还需要注意植物之间的生长关系和相互作用，避免植物之间的竞争和冲突，确保植物能够和谐共生、协调发展。

（四）和谐统一原则

和谐统一原则是指在种植层次设计中，要注重植物与环境、植物与植物之间的和谐统一关系，通过合理的搭配和布局，形成协调统一、和谐共生的植物景观。这一原则强调在植物种植过程中，要充分考虑植物与环境的协调性和一致性，确保植物与环境之间形成和谐统一的整体效果。

和谐统一的设计原则有助于提高景观的整体性和美感。通过合理的植物搭配和布局，可以使植物与环境相互融合、相互衬托，形成协调统一、和谐共生的整体效果。同时，和谐统一的设计原则还有助于提高生态系统的稳定性和可持续性，促进生态系统的健康发展。

在具体实践中，和谐统一原则要求设计师在进行种植层次设计时，要充分考虑植物与环境的协调性和一致性。设计师需要根据环境的特点和需求，选择与之相适应的植物种类和品种，确保植物与环境之间形成和谐统一的整体效果。

三、种植结构的形式与特点

（一）种植结构的形式

种植结构的形式是指植物在种植空间中的布局和组合方式，它决定了植物群落的整体形态和特征。种植结构的形式多种多样，主要可以归纳为以下几种类型。

1. 单层结构

单层结构是最简单的种植形式，通常只包含一种或少数几种植物，种植密度较为均匀，形成单层覆盖的景观效果。这种结构形式适用于面积较小、需要统一视觉效果的场地，如草坪、花坛等。

2. 复合层结构

复合层结构是指在种植空间中，将不同高度、形态和生长习性的植物进行多层次组合，形成复杂而丰富的植物群落。这种结构形式能够充分利用空间资源，提高生态系统的稳定性和生物多样性。常见的复合层结构包括乔灌草复合结构、乔灌复合结构等。

3. 立体结构

立体结构是通过将植物种植在垂直面或空间结构上，形成具有立体感的植物景观。这种结构形式能够打破传统的平面布局，增加景观的层次感和立体感。常见的立体结构形式包括墙面绿化、屋顶绿化、攀爬植物等。

4. 模块化结构

模块化结构是将植物按照一定的模块进行组合和布局，形成具有统一风格和主题的植物景观。这种结构形式便于施工和管理，能够快速形成景观效果。常见的模块化结构形式包括植物组团、植物群落模块等。

（二）种植结构的特点

种植结构的特点主要体现在以下几个方面。

1. 多样性

种植结构的形式多样，可以根据不同的场地条件、设计需求和景观效果选择合适的结构形式。这种多样性使得种植结构能够适应各种复杂的环境和景观需求。

2. 层次性

种植结构通常包含多个层次，不同层次的植物在高度、形态和生长习性上存在差异。这种层次性能够形成丰富的景观效果，增强景观的层次感和立体感。

3. 稳定性

合理的种植结构能够提高生态系统的稳定性。通过合理的植物搭配和布局，可以形成复杂的植物群落结构，增强生态系统的抗干扰能力和自我恢复能力。

4. 可持续性

种植结构的设计需要考虑生态可持续性原则。通过选择适应当地环境的植物种类、优化种植密度和空间布局等方式，可以实现生态系统的可持续发展和资源的合理利用。

（三）种植结构对生态环境的影响

种植结构作为生态系统中的重要组成部分，对生态环境的影响深远而广泛。其影响不仅体现在对土壤、空气、气候等自然环境的改善上，还体现在对生物多样性的保护和恢复上。

首先，种植结构对土壤质量有着显著的改善作用。通过合理的植物种植和搭配，可以形成多层次的植物群落，这些植物在生长过程中会释放大量的有机物质，改善土壤结构，提高土壤肥力。同时，植物根系还能固持土壤，减少水土流失，维护土壤的稳定性。

其次，种植结构对空气质量也有积极的影响。植物通过光合作用能够吸收二氧化碳并释放氧气，有助于改善空气质量。此外，一些植物还具有吸收和转化空气中有害物质的能力，如二氧化硫、氮氧化物等，进一步净化空气环境。

种植结构对气候的调节作用也不容忽视。植物通过蒸腾作用能降低周围环境的温度，增加空气湿度，形成宜人的小气候环境。这种调节作用在城市环境中尤为重要，有助于缓解城市热岛效应，改善城市气候环境。

更为重要的是，种植结构对生物多样性的保护和恢复具有关键作用。合理的种植结构能提供多样化的栖息地和食物来源，为各种生物提供生存和繁衍的空间。同时，植物群落的复杂性还能吸引更多的生物种类，形成丰富的生物群落结构。这种结构不仅有助于生物多样性的保护，还能增强生态系统的稳定性和自我恢复能力。

在实际应用中，我们可以通过科学的种植结构设计来优化生态环境。例如，在城市绿化中，可以采用乔灌草复合种植结构，形成多层次的植物群落，提高生态系统的稳定性和生态效益。在湿地保护和恢复中，可以通过种植湿地植物来恢复湿地生态系统的功能和结构，保护湿地生物多样性。

（四）种植结构在景观设计中的应用

种植结构在景观设计中扮演着至关重要的角色，通过合理的种植结构设计，可以营造出丰富多彩的景观效果，提升景观的观赏价值和生态价值。

首先，种植结构是景观设计中的基础元素之一。通过不同种类、高度、形态和生长习性的植物进行有层次、有序列的排列组合，可以形成丰富的景观层次和形态。这种层次感和形态的变化不仅能够增强景观的视觉效果，还能够营造出不同的空间氛围和风格。

其次，种植结构在景观设计中具有重要的生态功能。合理的种植结构能够改善土壤质量、提高空气质量、调节气候等，为人们的生活提供宜人的环境。同时，种植结构还能够提供栖息地、食物和繁殖场所等生态服务，促进生物多样性的保护和恢复。

在景观设计中，种植结构的设计需要根据场地的具体情况、设计需求和景观效果进行综合考虑。例如，在公园设计中，可以通过种植结构的设计来营造不同的景观区域和节点，如草坪区、花海区、林荫道等。同时，还需要考虑植物的生长习性和需求，选择合适的植物种类和种植方式，确保植物能够在场地中健康生长并发挥最大的生态效益和景观效果。

此外，种植结构的设计还需要注重与景观小品、建筑等其他元素的协调与融合。通过合理的搭配和布局，可以使植物与其他元素相互衬托、相互补充，形成和谐统一、协调共生的景观空间。

四、种植层次与结构的优化策略

（一）生态适应性策略

在种植层次与结构的优化中，首要考虑的是生态适应性策略。这一策略强调植物与环境的和谐共生，旨在通过选择适应性强、生态功能显著的植物种类，优化种植层次和结构，以实现生态环境的改善和生物多样性的提升。

首先，应充分考虑种植地的自然条件，如气候、土壤、水分等，选择与之相匹配的植物种类。这些植物应具有良好的生长适应性，能够在当地环境中健康生长，减少因环境不适应导致的生长不良和死亡现象。

其次，应注重植物群落的多样性。通过引入不同种类、不同生长习性的植物，形成复杂而稳定的植物群落结构，提高生态系统的稳定性和自我恢复能力。这种多样性的植物群落不仅有利于生物多样性的保护，还能为各种生物提供丰富的栖息地和食物来源。

最后，生态适应性策略还强调植物群落的生态功能。通过优化种植层次和结构，可以形成具有强大生态功能的植物群落，如水土保持、空气净化、气候调节等。这些生态功能有助于改善当地环境，提高人们的生活质量。

（二）景观美学策略

在种植层次与结构的优化中，景观美学策略是不可或缺的一部分。这一策略旨在通过合理的植物搭配和布局，营造出美观、和谐的景观效果，提升人们的审美体验。

首先，应注重植物的形态和色彩搭配。不同种类、不同生长习性的植物在形态和色彩上存在差异，通过合理的搭配可以形成丰富的景观层次和色彩变化。这种搭配应遵循对比与协调的原则，既要注重景观的多样性，又要保持整体的和谐统一。

其次，应充分考虑植物的生长习性和季相变化。不同植物在生长过程中会呈现出不同的形态和色彩变化，通过合理的布局可以营造出具有季节特色的景观效果。这种变化不仅增加了景观的趣味性，还为人们提供了丰富的视觉体验。

最后，景观美学策略还强调植物与其他景观元素的协调与融合。在种植层次与结构的优化中，应注重植物与建筑、小品、水体等其他景观元素的搭配和协调，形成和谐统一、相辅相成的景观空间。

（三）经济效益策略

在种植层次与结构的优化中，经济效益策略也是需要考虑的重要因素。这一策略旨在通过合理的植物选择和种植方式，降低种植成本和维护成本，提高景观的经济价值。

首先，应选择具有较高观赏价值和较低养护成本的植物种类。这些植物不仅具有较高的观赏价值，而且生长迅速、病虫害少，能够降低后期的养护成本。

其次，应注重植物的生态经济价值。一些植物具有较高的经济价值，如药用植物、观赏植物等。通过合理的种植和利用，可以形成具有经济效益的植物群落结构，提高景观的经济价值。

最后，经济效益策略还强调资源的合理利用和节约。在种植层次与结构的优化中，应注重土地资源的合理利用和节水节肥等环保措施的落实，减少资源消耗和浪费现象的发生。

（四）可持续性策略

在种植层次与结构的优化中，可持续性策略是至关重要的。这一策略强调在设计和实施过程中充分考虑资源的可持续利用和环境的长期影响，以实现人与自然的和谐共生。

首先，应选择具有可持续性的植物种类和种植方式。这些植物应具有良好的生长适应性和自我恢复能力，能够在长期内保持稳定的生态功能和景观效果。

其次，应注重生态系统的稳定性和自我恢复能力。在种植层次与结构的优化中，应充分考虑生态系统的结构和功能特点，通过合理的植物搭配和布局，增强生态系统的稳定性和自我恢复能力。

最后，可持续性策略还强调在设计和实施过程中采用环保、节能的技术和材料。通过引入先进的灌溉系统、使用可再生材料等措施，降低对环境的影响和资源的消耗，实现可持续发展的目标。

第五节　种植布局与园林风格的融合

一、园林风格的概念与分类

园林风格是指园林设计中所采用的特定风格或流派，它体现了设计师对自然、文化和艺术的独特理解和表达方式。园林风格的分类多种多样，本小节将从历史演变、地域特色、文化内涵和表现形式四个方面进行分析。

（一）历史演变

园林风格的历史演变是随着人类文明的发展而不断变化的。从古代的园林起源开始，不同历史时期的园林风格都带有其独特的印记。例如，古埃及园林强调对自然环境的模仿和改造，以表现对神秘力量的崇拜；古希腊园林则注重几何对称和比例协调，体现了对理性和美的追求；古罗马园林则更加注重实用性和享乐性，融合了农业和园艺的元素。中世纪时期，园林风格逐渐走向宗教化和神秘化，形成了修道院园林和城堡园林等特色风格。文艺复兴时期，园林风格开始追求人文主义和自然主义，出现了意大利台地园和法国古典主义园林等经典风格。近现代以来，随着科技的进步和人们审美观念的变化，园林风格也呈现出多元化和个性化的趋势。

（二）地域特色

园林风格的地域特色是指不同地区的园林设计在风格上表现出的独特性和差异性。这种差异性主要受到当地自然环境、气候条件、文化传统和社会经济条件等因素的影响。例如，中国的园林风格注重"天人合一"的哲学思想，追求自然与人的和谐统一，形成了江南园林、北方皇家园林等各具特色的风格。日本园林则强调"简素"和"空寂"的美感，以枯山水和茶道精神为代表，形成了独特的禅宗园林风格。欧洲各国的园林风格也各具特色，如意大利的台地园、法国的凡尔赛宫园林、英国的乡村园林等。这些风格的形成都与当地的自然环境、文化传统和社会经济条件密切相关。

（三）文化内涵

园林风格的文化内涵是指园林设计中所蕴含的文化元素和象征意义。不同的园林风格反映了不同的文化传统和价值观念。例如，中国古典园林中的"曲径通幽""步移景异"等手法体现了"天人合一"的哲学思想和对自然美的追求；而欧洲古典园林中的对称布局、几何图形等则体现了对理性、秩序和美的追求。此外，一些园林风格还融合了宗教、神话、历史等元素，如基督教园林中的十字架和圣像等。这些文化元素和象征意义丰富了园林的内涵和表现力。

（四）表现形式

园林风格的表现形式是指园林设计在布局、植物配置、建筑小品等方面的具体体现。不同的园林风格在表现形式上也有所不同。例如，中国古典园林以山水为骨架，通过建筑、植物、山石等元素的巧妙搭配，营造出一种诗情画意的意境；而欧洲古典园林则注重几何对称和比例协调，通过精美的雕塑、喷泉、台阶等元素展现出一种庄严、典雅的氛围。此外，一些现代园林风格还注重创新和实验性，如极简主义园林、生态主义园林等，它们在表现形式上更加灵活多样。这些不同的表现形式使得园林风格更加丰富多彩和具有个性化特点。

二、种植布局与园林风格的协调性

（一）种植布局与园林风格的主题统一

种植布局作为园林设计的核心要素之一，其设计应与园林风格的主题保持统一。园林风格的主题往往代表着一种特定的设计理念、文化特色或历史背景，而种植布局作为园林的"绿色骨架"，应与之相协调，共同营造出园林的整体氛围。

在设计中，首先要明确园林风格的主题，如中式园林的"山水意境"、法式园林的"对称与秩序"等。然后，根据主题选择合适的植物种类、形态和色彩，以及相应的种植方式和布局形式。例如，在中式园林中，可以选择具有自然形态和柔美线条的树木，如柳树、桃树等，以及具有象征意义的植物，如竹子、梅花等，通过精心布局，营造出山水相依、意境深远的景观效果。

此外，种植布局还应考虑与园林中其他景观元素的协调，如建筑、水体、山石等。通过合理的布局和搭配，使植物与其他景观元素相互呼应、相互衬托，共同形成和谐统一的园林空间。

（二）种植布局与园林风格的节奏与韵律

园林风格往往具有一定的节奏与韵律，这种节奏与韵律不仅体现在建筑、水体等硬质景观上，也体现在种植布局上。种植布局的节奏与韵律可以通过植物的形态、色彩、高低、疏密等因素来体现。

在设计中，应根据园林风格的特点和节奏要求，选择合适的植物种类和种植方式。例如，在法式园林中，可以运用对称的布局形式，将植物按照严格的轴线进行排列，形成整齐划一、富有节奏感的景观效果。同时，还可以通过植物的形态和色彩变化来营造出丰富的韵律感，如运用不同高度的树木和灌木进行组合，形成高低起伏、错落有致的景观层次。

此外，种植布局的节奏与韵律还应与人的视觉和心理感受相协调。通过合理的布局和搭配，使人在游览过程中能够感受到舒适、愉悦和宁静的氛围，增强园林的吸引力和感染力。

（三）种植布局与园林风格的生态可持续性

在现代园林设计中，生态可持续性已成为一个重要的设计理念。种植布局作为园林设计的重要组成部分，也应充分考虑生态可持续性的要求。

在设计中，应选择适应当地气候和土壤条件的植物种类，避免引入的外来物种对当地生态环境造成破坏。同时，应注重植物的生态功能和生态效益，如选择具有空气净化、水土保持等功能的植物种类，通过合理的种植布局和搭配，营造出具有生态效益的园林空间。

此外，种植布局还应考虑与周边环境的协调性和互动性。通过合理的布局和搭配，使园林与周边环境相互融合、相互补充，共同形成一个生态和谐的整体。例如，在城市公园中，可以通过种植布局的设计来引导风向、降低噪音、改善微气候等，提高城市居民的生活质量。

（四）种植布局与园林风格的文化传承与创新

园林风格往往承载着丰富的文化内涵和历史背景，而种植布局作为园林设计的重要组成部分，也应注重文化传承与创新。

在设计中，应充分挖掘和传承园林风格所蕴含的文化元素和符号，通过植物的形态、色彩、寓意等方式进行表达。同时，还应注重创新和发展，将现代设计理念和科技手段引入种植布局的设计中，使园林设计既具有传统韵味又富有时代气息。

例如，在中式园林中，可以运用现代设计手法对传统的植物种植方式进行创新和发展，如采用新型材料和技术手段来模拟自然山水的形态和意境；在法式园林中，可以引入现代景观元素和雕塑艺术来丰富园林的表现形式和内涵。通过文化传承与创新相结合的方式，使种植布局与园林风格相得益彰、相互促进。

三、不同风格园林的种植布局特点

（一）中式园林的种植布局特点

中式园林的种植布局深受中国传统文化和哲学思想的影响，注重"天人合一"的和谐理念。在种植布局上，中式园林追求自然与人的和谐统一，强调植物与山石、水体、建筑等其他园林要素的融合与协调。

1. 植物种类的选择

中式园林注重选择具有象征意义和文化内涵的植物种类，如松树、竹子、梅花等，这些植物不仅具有观赏价值，还承载着深厚的文化寓意。同时，中式园林也善于利用植物的季相变化，通过不同季节的植物景观来营造四时不同的园林意境。

2. 布局形式

中式园林的种植布局多采用自然式布局，即依据地形、地势和植物的自然生长习性进行布置。植物与山石、水体等自然元素相互穿插、融合，形成山水相依、树石相衬的景观效果。同时，中式园林也善于运用"借景"手法，将园外的自然景色引入园内，使园林空间得以延伸和拓展。

3. 种植手法

中式园林的种植手法讲究"藏露结合""疏密有致"。通过植物的合理搭配和布局，营造出虚实相生、层次丰富的景观空间。同时，中式园林也注重植物的修剪和造型，通过人工手法塑造出具有特色的植物景观。

4. 意境营造

中式园林的种植布局追求意境的营造，通过植物的形态、色彩、香气等元素来传达园林的主题和情感。例如，通过梅花的傲雪凌霜、竹子的坚韧不拔等植物特性来寓意园林主人的高洁品质和坚定意志。

（二）法式园林的种植布局特点

法式园林的种植布局以对称和秩序为特点，强调人工美和几何美。在种植布局上，法式园林追求规整、严谨和对称的视觉效果。

1. 植物种类的选择

法式园林注重选择形态优美、色彩鲜艳的植物种类，如黄杨、紫杉等常绿植物及郁金香、玫瑰等花卉。这些植物不仅具有观赏价值，还能营造出浓郁的法式风情。

2. 布局形式

法式园林的种植布局多采用几何图形进行布置，如圆形、方形、直线等。植物按照严格的轴线进行排列，形成整齐划一、对称均衡的景观效果。同时，法式园林也善于运用台阶、喷泉等硬质景观元素来衬托植物景观的规整和严谨。

3. 种植手法

法式园林的种植手法注重细节和精致度。植物被修剪成各种几何形状和图案，如球形、圆锥形等，以展现植物的规整美和人工美。同时，法式园林也善于利用花卉的色彩搭配和布置技巧来营造丰富多彩的视觉效果。

4. 氛围营造

法式园林的种植布局追求华丽、庄重的氛围营造。通过植物的规整排列和硬质景观的衬托，展现出法式园林的尊贵和奢华。同时，法式园林也注重营造宁静、幽雅的园林环境，使人在其中感受到舒适和放松。

（三）英式园林的种植布局特点

英式园林的种植布局以自然、浪漫和田园风光为特色，强调对自然美的模仿和表达。在种植布局上，英式园林追求自然、不规则和变化的视觉效果，以及营造轻松、宁静的田园氛围。

1. 植物种类的选择

英式园林倾向于选择本土植物和野生花卉，这些植物具有自然、野趣和适应性强的特点。同时，英式园林也善于运用丰富的花卉种类和色彩搭配，以营造浪漫、梦幻的景观效果。

2. 布局形式

英式园林的种植布局多采用自然式布局，即根据地形、地势和植物的自然生长习性进行布置。植物与草坪、水体、小径等元素相互穿插、融合，形成自由、灵活和流动的景观空间。英式园林也善于利用树木、灌木和地被植物来创造层次丰富的植物景观。

3. 种植手法

英式园林的种植手法注重自然和野趣的营造。植物被允许自然生长，形成自然、不规则的形态。同时，英式园林也善于运用花卉的群体种植和色彩搭配，以营造丰富多彩的视觉效果。

4. 氛围营造

英式园林的种植布局追求轻松、宁静和浪漫的田园氛围。通过植物的自由生长和花卉的丰富色彩，英式园林营造出一种宁静、自然和浪漫的环境，使人在其中感受到心灵的宁静和放松。

（四）日式园林的种植布局特点

日式园林的种植布局以简约、精致和禅意为特点，强调对自然和精神的深刻理解和表达。在种植布局上，日式园林追求简洁、纯净和宁静的视觉效果，以及营造一种超脱尘世的精神境界。

1. 植物种类的选择

日式园林注重选择常绿植物和具有象征意义的植物种类，如松树、竹子、樱花等。这些植物不仅具有观赏价值，还承载着深厚的文化内涵和象征意义。

2. 布局形式

日式园林的种植布局多采用简约、精致的形式，通过植物、石头、水体和建筑等元素的巧妙搭配和布局，营造出一种简约而不简单、精致而不繁复的景观效果。同时，日式园林也善于利用"借景"手法，将园外的自然景色引入园内，使园林空间得以延伸和拓展。

3. 种植手法

日式园林的种植手法注重细节和精致度。植物被修剪成简约、纯净的形态，与石头、水体等硬质景观元素相互映衬、相互协调。同时，日式园林也善于运用花卉的色彩搭配和布置技巧来营造出简约而不单调的视觉效果。

4. 禅意营造

日式园林的种植布局追求禅意的营造，通过植物的简约、纯净和宁静来表达一种超脱尘世、追求精神境界的理念。在日式园林中，人们可以感受到一种宁静、平和和宁静的氛围，使人在其中得到心灵的净化和升华。

第七章　园林植物绿化养护

随着社会经济的发展，城市绿化的重要性已经得到了政府和公众的认可。城市绿化的水平和质量直接反映了城市的环境质量和特点，从而直接反映了城市的发展水平和文明程度。只有不断地开发和创新园林工程的内容，才能满足人们对城市绿化环境的更高要求，进而改善和改善人们的居住环境。在园林建设过程中，养护管理是园林绿化工程中的一项重要工作。本章节论述了园林绿化的养护与管理。针对客观实际问题，加强绿化养护技术，最大限度地实现养护管理对策，保证园林施工规程，及时处理当前园林绿化管理中存在的问题，可以为人们提供更舒适、更健康的生活环境。

第一节　园林植物养护管理概述

一、养护管理的意义

园林树木所处的各种环境条件比较复杂，各种树木的生物学特性和生态习性各有不同，因此为各种园林树木创造优越的生长环境，满足树木生长发育对水、肥、气、热的需求，防治各种自然灾害和病虫害对树木的危害，通过整形修剪和树体保护等措施调节树木生长和发育的关系，并维持良好的树形，使树木更适应所处的环境条件，尽快持久地发挥树木的各种功能效益，将是园林工作一项重要而长期的任务。

园林树木养护管理的意义可归纳为以下几个方面。

（1）科学的土壤管理可提高土壤肥力，改善土壤结构和理化性质，满足树木对养分的需求。

（2）科学的水分管理可以使树木在适宜的水分条件下，进行正常的生长发育。

（3）施肥管理可对树木进行科学的营养调控，满足树木所缺乏的各种营养元素，确保树木生长发育良好，同时达到枝繁叶茂的绿化效果。

（4）及时减少和防治各种自然灾害、病虫害及人为因素对园林树木的危害，能促进树木健康生长，使园林树木持久地发挥各种功能效益。

（5）整形修剪可调节树木生长和发育的关系并维持良好的树形，使树木更好地发挥各种功能效益。

俗话说"三分种植，七分管理"，这说明了园林植物养护管理工作的重要性。园林植物栽植后的养护管理工作是保证其成活、实现预期绿化美化效果的重要措施。为了使园林植物生长旺盛，保证正常开花结果，必须根据园林植物的生态习性和生命周期的变化规律，因地、因时地进行日常的管理与养护，为不同年龄、不同种类的园林植物创造适宜生长的环境条件。通过土、水、肥等养护与管理措施，可以为园林植物维持较强的生长势、预防早衰、延长绿化美化观赏期奠定基础。因此，做好园林植物的养护管理工作，不但能有效改善园林植物的生长环境、促进其生长发育，也对发挥其各项功能效益、达到绿化美化的预期效果具有重要意义。园林植物的养护管理严格来说应包括两方面的内容。①"养护"，即根据各种植物生长发育的需要和某些特定环境条件的要求，及时采取浇水、施肥、中耕除草、修剪、病虫害防治等园艺技术措施。②"管理"，主要指看管维护、绿地保洁等管理工作。

二、养护管理的内容

园林树木养护管理的主要内容包括园林树木的土壤管理、施肥管理、水分管理、光照管理、树体管理、园林树木整形修剪、自然灾害和病虫害及其防治措施、看管围护及绿地的清扫保洁等。

三、园林绿化养护中常用术语

（1）树冠：树木主干以上集生枝叶的部分。

（2）花蕾期：植物从花芽萌发到开花前的时期。

（3）叶芽：形状较瘦小、前端尖、能发育成枝和叶的芽。

（4）花芽：形状较肥大、略呈圆形、能发育成叶和花序的芽。

（5）不定芽：在枝条上没有固定位置、重剪或受刺激后会大量萌发的芽。

（6）生长势：植物的生长强弱，泛指植物生长速度、整齐度、茎叶色泽和分枝的繁茂程度。

（7）行道树：栽植在道路两旁、构成街景的树木。

（8）古树名木：树龄到百年以上或珍贵稀有、具有重要历史价值和纪念意义以及具有重要科研价值的树木。

（9）地被植物：植株低矮（50 cm 以下）、用于覆盖园林地面的植物。

（10）分枝点：乔木主干上开始分出分枝的部位。

（11）主干：乔木或非丛生灌木地面上部与分枝点之间的部分，上承树冠，下接根系。

（12）主枝：自主干生出、构成树型骨架的粗壮枝条。

（13）侧枝：自主枝生出的较小枝条。

（14）小侧枝：自侧枝上生出的较小枝条。

（15）春梢：初春至夏初萌发的枝条。

（16）园林植物养护管理：对园林植物采取灌溉、排涝、修剪、防治病虫、防寒、支撑、除草、中耕、施肥等技术措施。

（17）整形修剪：用剪、锯、疏、扎、绑等手段，使植物生长成特定形状的技术措施。

（18）冬季修剪：自秋冬至早春植物休眠期内进行的修剪。

（19）夏季修剪：在夏季植物生长季节进行的修剪。

（20）伤流：树木因修剪或其他创伤，伤口处流出大量树液的现象。

（21）短截：在枝条上选留几个合适的芽后将枝条剪短，达到减少枝条、刺激侧枝萌发新梢的目的。

（22）回缩：在树木二年以上生枝条上剪截去一部分枝条的修剪方法。

（23）疏枝：将树木的枝条贴近着根部或地面剪除的修剪方法。

（24）摘心、剪梢：将树木枝条剪去顶尖幼嫩部分的修剪方法。

（25）施肥：在植物生长发育过程中，为补充所需各种营养元素而采取的肥料施用措施。

（26）基肥：植物种植或栽植前，施入土壤或坑穴中作为底肥的肥料，多为充分腐熟的有机肥。

（27）追肥：植物种植或栽植后，为弥补植物所需各种营养元素的不足而追加施用的肥料。

（28）病虫害防治：对各种植物病虫害进行预防和治疗的过程。

（29）人工防治病虫害：针对不同病虫害所采取的人工防治方法，主要包括饵料诱杀、热处理、阻截上树、人工捕捉、挖蛹、摘除卵块虫包、刷除虫卵、刺杀蛀干害虫以及结合修剪剪除病虫枝、摘除病叶病梢、刮除病斑等措施。

（30）除草：植物生长期间人工或采用除草剂去除目的植物以外杂草的措施。

（31）灌溉：为调节土壤温度和土壤水分，满足植物对水分的需要而采取的人工引水浇灌的措施。

（32）排涝：排除绿地中多余积水的过程。

（33）返青水：为植物正常发芽生长，在土壤化冻后对植物进行的灌溉。

（34）冻水：为植物安全越冬，在土壤封冻前对植物进行的灌溉。

（35）冠下缘线：由同一道路中每株行道树树冠底部缘线形成的线条。

四、园林绿化树木养护标准

根据园林绿地所处位置的重要程度和养护管理水平的高低，将园林绿地的养护管理由高到低分别为一级养护管理、二级养护管理和三级养护管理等三个等级。

1.园林绿化一级养护管理质量标准

（1）绿化养护技术措施完善，管理得当，植物配置科学合理，达到黄土不露天。

（2）园林植物生长健壮。新建绿地各种植物两年内达到正常形态。园林树木树冠完整美观，分枝点合适，枝条粗壮，无枯枝死杈；主侧枝分布匀称，数量适宜，修剪科学合理；内膛疏空，通风透光。花灌木开花及时，株形饱满，花后修剪及时合理。绿篱、色块等修剪及时，枝叶茂密整齐，整造型树木雅观。行道树无缺株，绿地内无死树。

落叶树新梢生长健壮,叶片形态、颜色正常。一般条件下,无黄叶、焦叶、卷叶,正常叶片保存率在95%以上。针叶树针叶宿存3 a以上,结果枝条在10%以下。花坛、花带轮廓清晰,整齐美观,色彩艳丽,无残缺,无残花败叶。草坪及地被植物整齐,覆盖率99%以上,草坪内无杂草。草坪绿色期:冷季型草不得少于300 d,暖季型草不得少于210 d。

病虫害控制及时,园林树木无蛀干害虫活卵、活虫;园林树木主干、主枝上,平均每100 cm^{2}介壳虫的活虫数不得超过1头,较细枝条上平均每30 cm^{2}不得超过2头,且平均被害株数不得超过1%。叶片无虫粪、虫网。虫食叶片每株不得超过2%。

(3)垂直绿化应根据不同植物的攀缘特点,及时采取相应的牵引、设置网架等技术措施,视攀缘植物生长习性,覆盖率不得低于90%。开花的攀缘植物应适时开花,且花繁色艳。

(4)绿地整洁、无杂挂物。绿化生产垃圾(如树枝、树叶、草屑等)和绿地内水面杂物,重点地区随产随清,其他地区日产日清,及时巡视保洁。

(5)栏杆、园路、桌椅、路灯、井盖和牌示等园林设施完整安全,维护及时。

(6)绿地完整,无堆物、堆料、搭棚,树干无钉拴刻画等现象。行道树下距树干2 m范围内无堆物,堆料圈栏或搭棚设摊等影响树木生长和养护管理的现象。

2.园林绿化二级养护质量标准

(1)绿化养护技术措施比较完善,管理基本得当,植物配置合理,基本达到黄土不露天。

(2)园林植物生长正常。新建绿地各种植物3 a内达到正常形态。园林树木树冠基本完整。主侧枝分布匀称、数量适宜、修剪合理;内膛不乱,通风透光。花灌木开花及时,正常,花后修剪及时;绿篱、色块枝叶正常,整齐一致。行道树无缺株,绿地内无死树。

落叶树新梢生长正常,叶片大小、颜色正常。在一般条件下,黄叶、焦叶、卷叶和带虫粪、虫网的叶片不得超过5%,正常叶片保存率在90%以上。针叶树针叶宿存2 a以上,结果枝条不超过20%。花坛、花带轮廓清晰,整齐美观,适时开花,无残缺。草坪及地被植物整齐一致,覆盖率95%以上。除缀花草坪外,草坪内杂草率不得超过2%。草坪绿色期:冷季型草不得少于 270 d，暖季型草不得少于 180 d。

病虫害控制及时，园林树木有蛀干害虫危害的株数不得超过 1%；园林树木的主干、主枝上平均每 100 cm^2 介壳虫的活虫数不得超过 2 头，较细枝条上平均每 30 cm^2 不得超过 5 头，且平均被害株数不得超过 3%。叶片无虫粪，虫咬叶片每株不得超过 5%。

（3）垂直绿化应根据不同植物的攀缘特点，采取相应的牵引、设置网架等技术措施，视攀缘植物生长习性，覆盖率不得低于 80%，开花的攀缘植物能适时开花。

（4）绿地整洁，无杂挂物。绿化生产垃圾（如树枝、树叶、草屑等）及绿地内水面杂物应日产日清，做到保洁及时。

（5）栏杆、园路、桌椅、路灯、井盖和牌示等园林设施完整、安全，基本做到维护及时。

（6）绿地完整，无堆物、堆料、搭棚，树干无钉拴刻画等现象。行道树下距树干 2 m 范围内无堆物、堆料、搭棚设摊、圈栏等影响树木生长和养护管理的现象。

3. 园林绿化三级养护质量标准

（1）绿化养护技术措施基本完善，植物配置基本合理，裸露土地不明显。

（2）园林植物生长正常，新建绿地各种植物 4 a 内达到正常形态。园林树木树冠基本正常，修剪及时，无明显枯枝死杈。分枝点合适，枝条粗壮，行道树缺株率不超过 1%，绿地内无死树。落叶树新梢生长基本正常、叶片大小、颜色正常。正常条件下，黄叶、焦叶、卷叶和带虫粪、虫网叶片的株数不得超过 10%，正常叶片保存率在 85% 以上。针叶树针叶宿存 1 a 以上，结果枝条不超过 50%。花坛、花带轮廓基本清晰、整齐美观，无残缺。草坪及地被植物整齐一致，覆盖率 90% 以上。除缀花草坪外，草坪内杂草率不得超过 5%。草坪绿色期：冷季型草不得少于 240 d，暖季型草不得少于 160 d。

病虫害控制比较及时，园林树木有蛀干害虫危害的株数不得超过 3%；园林树木主干、主枝上平均每 100 cm^2 介壳虫的活虫数不得超过 3 头，较细枝条上平均每 30 cm^2 不得超过 8 头，且平均被害株数不得超过 5%。虫食叶片每株不得超过 8%。

（3）垂直绿化能根据不同植物的攀缘特点采取相应的技术措施，视攀缘植物生长习性，覆盖率不得低于70%。开花的攀缘植物能适时开花。

（4）绿地基本整洁，无明显杂挂物。绿化生产垃圾（如树枝、树叶、草屑等）、绿地内水面杂物能日产日清，能做到保洁及时。

（5）栏杆、园路、桌椅、路灯、井盖和牌示等园林设施基本完整，能进行维护。

（6）绿地基本完整，无明显堆物、堆料、搭棚，树干无钉拴刻画等现象。行道树下距树干2 m范围内无明显的堆物、堆料、围栏或搭棚设摊等影响树木生长和养护管理的现象。

第二节　园林植物的土壤管理

一、土壤的概念和形成

土壤是园林植物生长发育的基础，也是其生命活动所需水分和营养的源泉。因此，土壤的类型和条件直接关系园林植物能否正常生长。由于不同的植物对土壤的要求是不同的，栽植前了解栽植地的土壤类型，对于植物种类的选择具有重要的意义。据调查，园林植物生长地的土壤大致有以下几种类型。

1. 荒山荒地

荒山荒地的土壤还未深翻熟化，其肥力低、保水保肥能力差，不适宜直接作为园林植物的栽培土壤，如需荒山造林，则需要选择非常耐贫瘠的园林植物种类，如荆条、酸枣等。

2. 平原沃土

平原沃土适合大部分园林植物的生长，是比较理想的栽培土壤，多见于平原地区城镇的园林绿化区。

3. 酸性红壤

在我国长江以南地区常有红壤土。红壤土呈酸性，土粒细、结构不良。

水分过多时，土粒吸水成糊状；干旱时水分容易蒸发散失，土块易变得紧实坚硬，常缺乏氮、磷、钾等元素。许多植物不能适应这种土壤，因此需要改良。例如，增施有机肥、磷肥、石灰，扩大种植面，并将种植面连通，开挖排水沟或在种植面下层设排水层等。

4. 水边低湿地

水边低湿地的土壤一般比较紧实、水分多，但通气不良，而且北方低湿地的土质多带盐碱，对植物的种类要求比较严格，只有耐盐碱的植物能正常生长，如柳树、白蜡树、刺槐等。

5. 沿海地区的土壤

滨海地区如果是沙质土壤，盐分被雨水溶解后就能够迅速排出；如果是黏性土壤，因透水性差，会残留大量盐分。为此，应先设法排洗盐分，如采取淡水洗盐和增施有机肥等措施，再栽植园林植物。

6. 紧实土壤

城市土壤经长时间的人流践踏和车辆碾压，土壤密度增加，孔隙度降低，导致土壤通透性不良，不利于植物的生长发育。这类土壤需要先进行翻地松土、增添有机质后再栽植植物。

7. 人工土层

如建筑的屋顶花园、地下停车场、地下铁道、地下储水槽等上面栽植植物的土壤一般是人工修造的。人工土层这个概念是针对城市建筑过密现象而提出的解决土地利用问题的一种方法。由于人工土层没有地下毛细管水的供应，而且土壤的厚度受到限制，土壤水分容量小，因此人工土层如果没有及时的雨水或人工浇水，土壤会很快干燥，不利于植物的生长。又由于土层薄，受外界温度变化的影响比较大，导致土壤温度变化幅度较大，对植物的生长也有较大的影响。由此可见，人工土层的栽植环境不是很理想。由于上述原因，人工土层中土壤微生物的活动也容易受影响，腐殖质的形成速度缓慢，由此可见人工土层的土壤构成选择很重要。为减轻建筑，特别是屋顶花园负荷和节约成本，要选择保水、保肥能力强，质地轻的材料，如混合硅石、珍珠岩、煤灰渣、草炭等。

8. 市政工程施工后的场地

在城市中由于施工将未熟化的新土翻到表层，使土壤肥力降低。机械施工、碾压则会导致土壤坚硬、通气不良。这种土壤一般需要经过一定的改良才能保证植物的正常生长。

9. 煤灰土或建筑垃圾土

煤灰土或建筑垃圾土是在生活居住区产生的废物，如煤灰、垃圾、瓦砾、动植物残骸等形成的煤灰土以及建筑施工后留下的灰槽、灰渣、煤屑、砂石、砖瓦块、碎木等建筑垃圾堆积而成的土壤。这种土壤不利于植物根系的生长，一般需要在种植坑中换上比较肥沃的壤土。

10. 工矿污染地

由于矿山、工厂等排出的废物中的有害成分污染土地，致使树木不能正常生长。此时除选择抗污染能力强的树种外，也可以进行换土，不过换土成本太高。

除以上类型外，还有盐碱土、重黏土、沙砾土等土壤类型。在栽植前应充分了解土壤类型，然后根据具体的植物种类和土壤类型，有的放矢地选择植物种类或改良土壤的方法。

二、园林植物栽植前的整地

整地包括土壤管理和土壤改良两个方面，它是保证园林植物栽植成活和正常生长的有效措施之一。很多类型的土壤需要经过适当调整和改造，才能适合园林植物的生长。不同的植物对土壤的要求是不同的，但是一般而言，园林植物都要求保水保肥能力好的土壤，而干旱贫瘠或水分过多的土壤，往往会导致植物生长不良。

1. 整地的方法

园林植物栽植地的整地工作包括适当整理地形、翻地、去除杂物、碎土、耙平、填压土壤等内容，具体方法应根据具体情况进行。

（1）一般平缓地区的整地。

对于坡度在 8°以下的平缓耕地或半荒地，可采取全面整地的方法。常翻耕 30 cm 深，以利于蓄水保墒。对重点区域或深根性树种可深翻 50 cm，并增施有机肥以改良土壤。为利于排除过多的雨水，平地整地要有一定坡度，坡度大小要根据具体地形和植物种类而定，如铺种草坪，适宜坡度为 2%~4%。

（2）工程场地地区的整地。

在这些地区整地之前，应先清除遗留的大量灰渣、砂石、砖石、碎木及建筑垃圾等，在土壤污染严重或缺土的地方应换入肥沃土壤。如有经夯实或机械碾压的紧实土壤，整地时应先将土壤挖松，并根据设计要求做地形处理。

（3）低湿地区的整地。

这类地区由于土壤紧实、水分过多、通气不良，又多带盐碱，常使植物生长不良。可以采用挖排水沟的办法，先降低地下水位防止返碱，再行栽植。具体办法是在栽植前一年，每隔 20 m 左右挖一条 1.5~2.0 m 宽的排水沟，并将挖出的表土翻至一侧培成垄台。经过一个生长季的雨水冲洗，土壤盐碱含量减少、杂草腐烂、土质疏松且不干不湿，再在垄台上栽植。

（4）新堆土山的整地。

园林建设中由挖湖堆山形成的人工土山，在栽植前要先令其经过至少一个雨季的自然沉降，然后再整地植树。由于这类土山多数不太大，坡度较缓，又全是疏松新土，整地时可以按设计要求进行局部的自然块状调整。

（5）荒山整地。

在荒山上整地，要先清理地面，挖出枯树根，搬除可以移动的障碍物。坡度较缓、土层较厚时，可以用水平带状整地法，即沿低山等高线整成带状，因此又称环山水平线整地。在水土流失较严重或急需保持水土、使树木迅速成林的荒山上，则应采用水平沟整地或鱼鳞坑整地，也可以采用等高撩壕整地法。在我国北方土层薄、土壤干旱的荒山上常用鱼鳞坑整地，南方地区常采用等高撩壕整地。

2. 整地时间

整地时间的早晚关系园林栽植工程的完成情况和园林植物的生长效果。一般情况下应在栽植前三个月以上的时间内（最好经过一个雨季）完成整地工作，以便蓄水保墒，并可保证栽植工作及时进行，这一点在干旱地区尤其重要。如果现整现栽，栽植效果将会大受影响。

三、园林植物生长过程中的土壤改良

园林植物生长过程中的土壤改良和管理的目的是，通过各种措施来提高土壤的肥力，改善土壤结构和理化性质，不断供应园林植物所需的水分与养分，为其生长发育创造良好的条件。同时结合其他措施，维持园林地形地貌整齐美观，防止土壤被冲刷和尘土飞扬，增强园林景观效果。

园林绿地的土壤改良不同于农田的土壤改良，不可能采用轮作、休闲等措施，只能采用深翻、增施有机肥、换土等手段来完成，以保持园林植物正常生长几十年至几百年。园林绿地的土壤改良常采用的措施有深翻熟化、客土改良、培土（掺沙）和施有机肥等。

1. 深翻熟化

对植物生长地的土壤进行深翻，有利于改善土壤中的水分和空气条件，使土壤微生物活动增加，促进土壤熟化，使难溶性营养物质转化为可溶性养分，有助于提高土壤肥力。如果深翻时结合增施适当的有机肥，还可改善土壤结构和理化性质，促使土壤团粒结构的形成，增加孔隙度。

对一些深根性园林植物，深翻整地可促使其根系向纵深发展；对一些重点树种进行适时深耕，可以保证供给其随年龄的增长而增加的水、肥、气、热的需要。采取合理深翻、适量断根措施后，可刺激植物发生大量的侧根和须根，提高吸收能力，促使植株健壮、叶片浓绿、花芽形成良好。深翻还可以破坏害虫的越冬场所，有效消灭地下害虫，减少害虫数量。因此，深翻熟化不仅能改良土壤，而且能促进植物生长发育。

深翻主要的适用对象为片林、防护林、绿地内的丛植树、孤植树下边的土壤。而对一些城市中的公共绿化场所，如有铺装的地方，就不适宜用深翻措施，可以借助其他方式（如打孔法）解决土壤透气、施肥等问题。

（1）深翻时间。

深翻时间一般以秋末冬初为宜。此时，地上部分生长基本停止或趋于缓慢，同化产物消耗减少，并已经开始回流积累。深翻后正值根部秋季生长高峰，伤口容易愈合，容易发出部分新根，吸收和合成营养物质积累在树体内，有利于树木翌年的生长发育；深翻后经过冬季，有利于土壤风化积雪保墒；深翻后经过大量灌水，土壤下沉，土粒与根系进一步密接，有助于根系生长。早春土壤化冻后也可及早进行深翻，此时地上部分尚处于休眠期，根系活动刚开始，生长较为缓慢，伤根后也较易愈合再生（除某些树种外）。由于春季养护管理工作繁忙，劳动力紧张，往往会影响深翻工作的进度。

（2）深翻深度。

深翻深度与地区、土壤种类、植物种类等有关，一般为 60~100 cm。在一定范围内，翻得越深效果越好，适宜深度最好距根系主要分布层稍深、稍远一些，以促进根系向纵深生长，扩大吸收范围，提高根系的抗逆性。黏重土壤深翻应较深，沙质土壤可适当浅耕。地下水位高时深翻宜浅，下层为半风化的岩石时则宜加深以增厚土层。深层为砾石，应翻得深些，拣出砾石并换好土，以免肥、水流失。地下水位低、土层厚、栽植深根性植物时则宜深翻，反之则浅。下层有黄淤土、白干土、胶泥板或建筑地基等残存物时深翻深度则以打破此层为宜，以利于渗水。

为提高工作效率，深翻常结合施肥、灌溉同时进行。深翻后的土壤，常维持原来的层次不变，就地耕松掺施有机肥后，再将新土放在下部，表土放在表层。有时为了促使新土迅速熟化，也可将较肥沃的表土放置沟底，而将新土覆在表层。

（3）深翻范围。

深翻范围视植物配置方式确定。如是片林、林带，由于梢株密度较大可全部深翻；如是孤植树，深翻范围应略大于树冠投影范围。深度由根茎向外由浅至深，以放射状逐渐向外进行，以不损伤 1.5~2.0 cm 以上粗根为度。为防止一次伤根过多，可将植株周围土壤分成四份，分两次深翻，每次深翻对称的两份。

对于有草坪或有铺装的树盘，可以结合施肥采用打孔的方法松土，打孔范围可适当扩大。而对于一些土层比较坚硬的土壤，因无法深翻，可以采用爆破法松土，以扩大根系的生长吸收范围。由于该法需在公安机关批准后才能应用，且在离建筑物近、有地面铺装或公共活动场所等地不能使用，故在园林上应用还比较少。

2. 土壤化学改良

（1）施肥改良。

施肥改良以施有机肥为土，有机肥能增加土壤的腐殖质，提高土壤保水保肥能力，改良熟土的结构，增加土壤的孔隙度，调节土壤的酸碱度，从而改善土壤的水、肥、气、热状况。常用的有机肥有厩肥、堆肥、禽肥、鱼肥、饼肥、人粪尿、土杂肥、绿肥及城市中的垃圾等,但这些有机肥均需经过腐熟发酵后才可使用。

(2)调节土壤酸碱度。

土壤的酸碱度主要影响土壤养分的转化与有效性、土壤微生物的活动和土壤的理化性质等,因此与园林植物的生长发育密切相关。绝大多数园林植物适宜中性至微酸性的土壤,然而我国许多城市的园林绿地中,南方城市的土壤 pH 值常偏低,北方常偏高。土壤酸碱度的调节是一项十分重要的土壤管理工作。

①土壤的酸化处理。土壤酸化是指对偏酸性的土壤进行必要的处理,使其 pH 值有所降低从而适宜酸性园林植物的生长。目前,土壤酸化主要通过施用释酸物质来调节,如施用有机肥料、生理酸性肥料、硫黄等,通过这些物质在土壤中的转化,产生酸性物质,降低土壤的 pH 值。如盆栽园林植物可用 1 : 50 的硫酸铝钾,或 1 : 180 的硫酸亚铁水溶液浇灌来降低盆栽土的 pH 值。

②土壤碱化处理。土壤碱化是指往偏酸的土壤中施加石灰、草木灰等碱性物质,使土壤 pH 值有所提高,从而适宜一些碱性园林植物生长。比较常用的是农业石灰,即石灰石粉(碳酸钙粉)。使用时石灰石粉越细越好(生产上一般用 300~450 目),这样可增加土壤内的离子交换强度,以达到调节土壤 pH 值的目的。

3. 生物改良

(1)植物改良。

植物改良是指通过有计划地种植地被植物来达到改良土壤的目的。其优点是一方面能增加土壤可吸收养分与有机质含量,改善土壤结构,降低蒸发,控制杂草丛生,减少水、土、肥流失与土湿的日变幅,又有利于园林植物根系生长;另一方面,在增加绿化量的同时避免地表裸露,防止尘土飞扬,丰富园林景观。这类地被植物的一般要求是适应性强,有一定的耐阴、耐践踏能力,根系有一定的固氮力,枯枝落叶易于腐熟分解,覆盖面大,繁殖容易,并有一定的观赏价值。常见的种类有五加、地瓜藤、胡枝子、金银花、常春藤、金丝桃、金丝梅、地锦、络石、扶芳藤、荆条、三叶草、马蹄金、萱草、沿阶草、玉簪、羽扇豆、草木樨、香豌豆等，各地可根据实际情况灵活选用。

（2）动物与微生物改良。

利用自然土壤中存在的大量昆虫、原生动物、线虫、菌类等改善土壤的团粒结构、通气状况，促进岩石风化和养分释放，加快动植物残体的分解，有助于土壤的形成和营养物质转化。利用动物改良土壤，一方面要加强对土壤中现有有益动物种类的保护，对土壤施肥、农药使用、土壤与水体污染等要严格控制，为动物创造一个良好的生存环境；另一方面，使用生物肥料，如根瘤菌、固氮菌、磷细菌、钾细菌等，这些生物肥料含有多种微生物，它们生命活动的分泌物与代谢产物，既能直接给园林植物提供某些营养元素、激素类物质、各种酶等，促进树木根系的生长，又能改善土壤的理化性能。

4. 疏松剂改良

使用土壤疏松剂，可以改良土壤结构和生物学活性，调节土壤酸碱度，提高土壤肥力。

如国外生产上广泛应用的聚丙烯酰胺，是人工合成的高分子化合物，使用时先把干粉溶于80℃以上的热水，制成2%的母液，再稀释10倍浇灌至5 cm深的土层中，通过其离子链、氢键的吸引使土壤形成团粒结构，从而优化土壤水、肥、气、热的条件，达到改良土壤的目的，其效果可达3 a以上。

土壤疏松剂的类型可大致分为有机、无机和高分子三种，其主要功能是蓬松土坡，提高置换容量，促进微生物活动；增加孔隙，协调保水与通气性、透水性；使土壤粒子团粒化。目前，我国大量使用的疏松剂以有机类型为主，如泥炭、锯末粉、谷糠、腐叶土、腐殖土、家畜厩肥等，这些材料来源广泛、价格便宜、效果较好，使用时要先发酵腐熟，并与土壤混合均匀。

5. 培土（压土与掺沙）

这种改良的方法在我国南北各地区普遍采用，具有增厚土层、保护根系、增加营养、改良土壤结构等作用。在高温多雨、土壤流失严重的地区或土层薄的地区可以采用培土措施，以促进植物健壮生长。

北方寒冷地区培土一般在晚秋初冬进行，可起保温防冻、积雪保墒的作用。压土掺沙后，土壤经熟化、沉实，有利于园林植物的生长。

培土时应根据土质确定培土基质类型，如土质黏重的应培含沙质较多的疏松肥土甚至河沙；含沙质较多的可培塘泥、河泥等较熟重的肥土和腐殖土。培土量和厚度要适宜，过薄起不到压土作用，过厚对植物生长不利。沙压黏或黏压沙时要薄一些，一般厚度为 5~10 cm，压半风化石块可厚些，但不要超过 15 cm。如连续多年压土，土层过厚会抑制根系呼吸，而影响植物生长和发育。有时为了防止接穗生根或对根系的不良影响，可适当扒土露出根茎。

6. 管理措施改良

（1）松土透气、控制杂草。

松土、除草可以切断土壤表层的毛细管，减少土壤蒸发，防止土壤泛碱，改善土壤通气状况，促进土壤微生物活动和难溶养分的分解，提高土壤肥力。早春松土，可以提高土温，有利于根系生长；清除杂草也可以减少病虫害。

松土、除草的时间，应在天气晴朗或者初晴之后土壤不过干又不过湿时进行，才可获得最大的保墒效果。

（2）地面覆盖与地被植物。

利用有机物或活的植物体覆盖地面，可以减少水分蒸发，减少地表径流，减少杂草生长，增加土壤有机质，调节土壤温度，为园林植物生长创造良好的环境。若在生长季覆盖，以后把覆盖物翻入土中，可增加土壤有机质，改善土壤结构，提高土壤肥力。覆盖的材料以就地取材、经济实用为原则，如杂草、谷草、树叶、泥炭等均可，也可以修剪草坪的碎草用以覆盖。覆盖时间选在生长季节温度较高而较干旱时进行较好，覆盖的厚度以 3~6 cm 为宜，鲜草 5~6 cm 为宜，过厚会有不利的影响。

除地面覆盖外，还可以用一二年生或多年生的地被植物如绿豆、黑豆、苜蓿、猪屎豆、紫云英、豌豆、草木樨、羽扇豆等改良土壤。对这类植物的要求是适应性强、有一定的耐阴力、覆盖作用好、繁殖容易、与杂草竞争的能力强，但与园林植物的矛盾不大，同时还要有一定的观赏或经济价值。这些植物除有覆盖作用之外，在开花期翻入土内可以增加土壤有机质，也起到施肥的作用。

7. 客土栽培

所谓客土栽培，就是将其他地方土质好、比较肥沃的土壤运到本地来代替当地土壤，然后再进行栽植的土壤改良方式。此法改良效果较好，但成本高，不利于广泛应用。客土应选择土质好、运送方便、成本低、不破坏或不影响基本农田的土壤，有时为了节约成本，可以只对熟土层进行客土栽植，或者采用局部客土的方式，如只在栽植坑内使用客土。客土也可以与施有机肥等土壤改良措施结合应用。

园林植物在遇到以下情况时需要进行客土栽植。

（1）有些植物正常生长需要的土壤有一定酸碱度，而本地土壤又不符合要求，这时要对土壤进行处理和改良。例如，在北方栽植杜鹃、山茶等酸性土植物，应将栽植区全换成酸性土。如果无法实现全换土，至少也要加大种植坑，倒入山泥、草炭土、腐叶土等并混入有机肥料，以符合对酸性土的要求。

（2）栽植地的土壤无法适宜园林植物生长的，如坚土、重黏土、沙砾土及被有毒的工业废物污染的土壤等，或在清除建筑垃圾后仍不适宜栽植的土壤，应增大栽植面，全部或部分换入肥沃的土壤。

第三节　园林植物的灌排水管理

水分是植物的基本组成部分，植物体质量的 40%~80% 是由水分组成的，植物体内的一切生命活动都是在水的参与下进行的。只有水分供应适宜，园林植物才能充分发挥其观赏效果和绿化功能。

一、园林植物科学水分管理的意义

1. 做好水分管理

做好水分管理是园林植物健康生长和正常发挥功能与观赏特性的保障，植株缺乏水分时，轻者会植株萎蔫，叶色暗淡，新芽、幼苗、幼花干尖或早期脱落；重者新梢停止生长，枝叶发黄变枯、落叶，甚至整株干枯死亡。水分过多时会造成植株徒长，引起倒伏，抑制花芽分化，延迟开花期，易出现烂花、落蕾、落果现象，甚至引起烂根。

2. 做好水分管理，能改善园林植物的生长环境

水分不但对园林绿地的土壤和气候环境有良好的调节作用，还与园林植

物病虫害的发生密切相关。如在高温季节进行喷灌可降低土温，提高空气湿度，调节气温，避免强光、高温对植物的伤害；干旱时土壤洒水，可以改善土壤微生物生活环境，促进土壤有机质的分解。

3. 做好水分管理，可节约水资源、降低养护成本

我国是缺水国家，水资源十分有限，而目前的绿化用水大多为自来水，与生产、生活用水的矛盾十分突出。因此，制订科学合理的园林植物水分管理方案，实施先进的灌排技术，确保园林植物对水分需求的同时减少水资源的损失浪费，降低养护管理成本，是我国现阶段城市园林管理的客观需要和必然选择。

二、园林植物的需水特性

了解园林植物的需水特性，是制订科学的水分管理方案、合理安排灌排水工作、适时适量满足园林植物水分需求、确保园林植物健康生长的重要依据。园林植物需水特性主要与以下因素有关。

1. 园林植物种类

不同的园林植物种类、品种对水分需求有较大的差异，应区别对待。一般来说，生长速度快，生长期长，花、果、叶量大的种类需水量较大；反之，需水量较小。因此，通常乔木比灌木，常绿树比落叶树，阳性植物比阴性植物，浅根性植物比深根性植物，中生、湿生植物比旱生植物需要较多的水分。需注意的是，需水量大的种类不一定需常湿，需水量小的也不一定可常干，而且耐旱力与耐湿力并不完全呈负相关关系。如抗旱能力比较强的紫槐，其耐水湿能力也很强。刺槐同样耐旱，却不耐水湿。

2. 园林植物的生长发育阶段

就园林植物的生命周期而言，种子萌发时需水量较大；幼苗期由于根系弱小而分布较浅，抗旱力差，虽然植株个体较小，总需水量不大，但也必须经常保持土壤适度湿润；随着逐渐长大，植株总需水量有所增加，对水分的适应能力也有所增强。

在年生长周期中，生长季的需水量大于休眠期。秋冬季大多数园林植物处于休眠或半休眠状态，即使常绿树种生长也极为缓慢，此时应少浇或不浇

水，以防烂根；春季园林植物大量抽枝展叶，需水量逐渐增大；夏季是园林植物需水高峰期，都应根据降水情况及时灌、排水。在生长过程中，许多园林植物都有一个对水分需求特别敏感的时期，即需水临界期，此时如果缺水，将严重影响植物枝梢的生长和花的发育，以后即使供给更多的水分也难以补偿。需水临界期因气候及植物种类不同而不同，一般来说，呼吸、蒸腾作用最旺盛时期以及观果类果实迅速生长期都要求有充足的水分。由于相对干旱会使植物枝条停止伸长生长，使营养物质向花芽转移，因而在栽培上常采用减水、断水等措施来促进花芽分化。如梅花、碧桃、榆叶梅、紫荆等花园木，在营养生长期即将结束时适当浇水、少浇或停浇几次水，能提早和促进花芽的形成和发育，从而达到开花繁茂的观赏效果。

3. 园林植物栽植年限

刚刚栽植的园林植物，根系损伤大，吸收功能减弱，根系在短期内难与土壤密切接触，常需要多次反复灌水才可能成活。如果是常绿树种，有时还需对枝叶喷雾。待栽植一定年限后进入正常生长阶段，地上部分与地下部分间建立了新的平衡，需水的迫切性会逐渐下降，此时不必经常灌水。

4. 园林植物观赏特性

因受水源、灌溉设施、人力、财力等因素限制，实际园林植物管理中常难以对所有植物进行同等的灌溉，而要根据园林植物的观赏特性来确定灌溉的侧重点。一般需水的优先对象是观花植物、草坪、珍贵树种、孤植树、古树、大树等观赏价值高的树木以及新栽植物。

5. 环境条件

生长在不同气候、地形、土壤等条件下的园林植物，其需水状况也有较大差异。在气温高、日照强、空气干燥、风大的地区，叶面蒸腾和植株间蒸发均会加强，园林植物的需水量就大，反之则小。另外，土壤的质地、结构与灌水也密切相关。如沙土，保水性较差，应"小水勤浇"；较黏重土壤保水力强，灌溉次数和灌水量均应适当减少。栽植在铺装地面或游人践踏严重区域的植物，应给予经常性的地上喷雾，以补充土壤水分的不足。

6. 管理技术措施

管理技术措施对园林植物的需水情况有较大影响。一般来说，经过合理的深翻、中耕，并经常施用有机肥料的土壤，其结构性能好、蓄水保墒能力强、土壤水分的有效性高，能及时满足园林植物对水分的需求，因而灌水量较小。

栽培养护工作过程中，灌水应与其他技术措施密切结合，以便在相互影响下更好地发挥每个措施的积极作用。如灌溉与施肥、除草、培土、覆盖等管理措施相结合，既可保墒、减少土壤水分的消耗、满足植物水分的需求，还可减少灌水次数。

三、园林植物的灌水

1. 灌溉水的水源类型

灌溉水质量的好坏直接影响园林植物的生长，雨水、河水、湖水、自来水、井水及泉水等都可作为灌溉水源。这些水中的可溶性物质、悬浮物质以及水温等各有不同，对园林植物生长的影响也不同。如雨水中含有较多的二氧化碳、氨和硝酸，自来水中含有氯，这些物质不利于植物生长；而井水和泉水的温度较低，直接灌溉会伤害植物根系，最好在蓄水池中经短期增温充气后利用。总之，园林植物灌溉用水不能含有过多的对植物生长有害的有机、无机盐类和有毒元素及其化合物，水温要与气温或地温接近。

2. 灌水的时期

园林植物除定植时要浇大量的定根水外，其灌水时期大体分为休眠期灌水和生长期灌水两种。具体灌水时间由一年中各个物候期植物对水分的要求、气候特点和土壤水分的变化规律等决定。

（1）生长期灌水。

园林植物的生长期灌水可分为花前灌水、花后灌水和花芽分化期灌水三个时期。

①花前灌水。可在萌芽后结合花前追肥进行，具体时间因地、因植物种类而异。

②花后灌水。多数园林植物在花谢后半个月左右进入新的迅速生长期，此时如果水分不足，新梢生长将会受到抑制；一些观果类植物此时如果缺水则易引起大量落果，影响以后的观赏效果。夏季是植物的生长旺盛期，此期形成大量的干物质，应根据土壤状况及时灌水。

③花芽分化期灌水。园林植物一般是在新梢生长缓慢或停止生长时开始

花芽分化，此时也是果实的迅速生长期，都需要较多的水分和养分。若水分供应不足，则会影响果实生长和花芽分化。因此，在新梢停止生长前要及时而适量地灌水，可促进春梢生长而抑制秋梢生长，也有利于花芽分化和果实发育。

（2）休眠期灌水。

在冬春严寒干旱、降水量比较少的地区，休眠期灌水非常必要。秋末或冬初的灌水一般称为灌"封冻水"，这次灌水是非常必要的，因为冬季水结冻、放出潜热有利于提高植物的越冬能力和防止早春干旱。对于一些引种或越冬困难的植物以及幼年树木等，灌封冻水更为必要。而早春灌水，不但有利于新梢和叶片的生长，还有利于开花与坐果，同时还可促使园林植物健壮生长，是花繁果茂的关键。

（3）灌水时间的注意事项。

在夏季高温时期，灌水最佳时间是在早晚，这样可以避免水温与土温及气温的温差过大，减少对植物根系的刺激，有利于植物根系的生长。冬季则相反，灌水最好于中午前后进行，这样可使水温与地温温差减小，减少对根系的刺激，也有利于地温的恢复。

3. 灌水量

灌水量受植物种类、品种、砧木、土质、气候条件、植株大小、生长状况等因素的影响。一般而言，耐干旱的植物洒水量少些，如松柏类；喜湿润的植物洒水量要多些，如水杉、山茶、水松等；含盐量较多的盐碱地，每次洒水量不宜过多，灌水浸润土壤深度不能与地下水位相接，以防返碱和返盐；保水保肥力差的土壤也不宜大水灌溉，以免造成营养物质流失，使土壤逐渐贫瘠。

在有条件灌溉时，切忌表土打湿而底土仍然干燥，如土壤条件允许，应灌饱灌足。如已成年大乔木，应灌水令其渗透到 80~100 cm 深处。洒水量一般以达到土壤最大持水量的 60%~80% 为适宜标准。园林植物的灌水量的确定可以借鉴目前果园灌水量的计算方法，根据土壤的持水量、灌溉前的土壤湿度、土壤容重、要求土壤浸湿的深度，计算出一定面积灌水量，即

灌水量 = 灌溉面积 × 要求土壤浸湿深度 × 土壤容重 × （田间持水量 - 灌溉前土壤湿度）（7-1）

灌溉前的土壤湿度，每次灌水前均需测定田间持水量、土壤容重、土

浸湿深度等项，可数年测定一次。为了更符合灌水时的实际情况，用此公式计算出的灌水量，可根据具体的植物种类、生长周期、物候期以及日照、温度、干旱持续的长短等因素进行或增或减的调整。

4.灌水方法和灌水顺序

正确的灌水方法可使水分分布均匀、节约用水、减少土壤冲刷、保持土壤的良好结构，并充分发挥灌水效果。随着科学技术的发展，灌水方法不断改进，正朝着机械化、自动化方向发展，使灌水效率和灌水效果均大幅度提高。

四、园林植物的排水

园林植物的排水是防涝的主要措施。其目的是减少土壤中多余的水分以增加土壤中空气的含量，促进土壤空气与大气的交流，提高土壤温度，激发好气性微生物的活动，加快有机物质的分解，改善植物的营养状况，使土壤的理化性状得到改善。

排水不良的土壤经常发生水分过多而缺乏空气，迫使植物根系进行无氧呼吸并积累乙醇造成蛋白质凝固，引起根系生长衰弱以致死亡；土壤通气不良会造成嫌气微生物活动促使反硝化作用发生，从而降低土壤肥力；而有些土壤，如黏土中，在大量施用硫酸铵等化肥或未腐熟的有机肥后，若遇土壤排水不良，这些肥料将进行无氧分解，从而产生大量的一氧化碳、甲烷、硫化氢等还原性物质，严重影响植物地下部分与地上部分的生长发育。因此排水与灌水同等重要，特别是耐水力差的园林植物更应及时排水。

1.需要排水的情况

在园林植物遇到下列情况之一时，需要进行排水。

（1）园林植物生长在低洼地区，当降雨强度大时汇集大量地表径流而又不能及时渗透，形成季节性涝湿地。

（2）土壤结构不良、渗水性差，特别是有坚实不透水层的土壤，水分下渗困难，形成过高的假地下水位。

（3）园林绿地临近江河湖海，地下水位高或雨季易遭淹没，形成周期性的土壤过湿。

（4）平原或山地城市在洪水季节有可能因排水不畅而形成大量积水。

（5）在一些盐碱地区，土壤下层含盐量高，不及时排水洗盐，盐分会随水位的上升而到达表层，造成土壤次生盐渍化，不利植物生长。

2. 排水方法

园林植物的排水是一项专业性基础工程，在园林规划和土建施工时应统筹安排，建好畅通的排水系统。园林植物的排水常见有以下几种。

（1）明沟排水。

在园林规划及土建施工时就应统筹安排，明沟排水是在园林绿地的地面纵横开挖浅沟，使绿地内外联通，以便及时排出积水。这是园林绿地常用的排水方法，关键在于做好全园排水系统。操作要点是先开挖主排水沟、支排水沟、小排水沟等，在绿地内组成一个完整的排水系统，然后在地势最低处设置总排水沟。这种排水系统的布局多与道路走向一致，各级排水沟的走向最好相互垂直，但在两沟相交处最好成锐角（45°~60°）相交，以利于排水流畅，防止相交处沟道阻塞。

此排水方法适用于大雨后抢排积水，地势高低不平不易出现地表径流的绿地排水视水情而定，沟底坡度一般以0.2%~0.5%为宜。

（2）暗沟排水。

暗沟排水是在地下埋设管道形成地下排水系统，将低洼处的积水引出，使地下水降到园林植物所要求的深度。暗沟排水系统与明沟排水系统基本相同，也有干管、支管和排水管之别。暗沟排水的管道多由塑料管、混凝土管或瓦管做成。建设时，各级管道需按水力学要求的指标组合施工，以确保水流畅通，防止淤塞。

此排水方法的优点是不占地面，节约用地，并可保持地势整齐、便利交通，但造价较高，一般配合明沟排水应用。

（3）滤水层排水。

滤水层排水实际就是一种地下排水方法，一般用于栽植在低洼积水地以及透水性极差的土地上的植物，或是针对一些极不耐水的植物在栽植之初就采取的排水措施。其做法是在植物生长的土壤下层填埋一定深度的煤渣、碎石等透水材料形成滤水层，并在周围设置排水孔，遇积水就能及时排出。这种排水方法只能小范围使用，起到局部排水的作用。如屋顶花园、广场或庭院中的种植地或种植箱，以及地下商场、地下停车场等的地上部分的绿化排水等，都可采用这种排水方法。

（4）地面排水。

地面排水又称地表径流排水，就是将栽植地面整成一定的坡度（一般在0.1%~0.3%，不要留下坑洼死角），保证多余的雨水能从绿地顺畅地通过道路、广场等地面集中到排水沟排走，从而避免绿地内植物遭受水淹。这种排水方法既节省费用又不留痕迹，是目前园林绿地使用最广泛、最经济的一种排水方法。不过这种排水方法需要在场地建设之初就经过设计者精心设计安排，这样才能达到预期效果。

第四节　园林植物的养分管理

一、施肥的意义和作用

养分是园林植物生长的物质基础，养分管理是通过合理施肥来改善与调节园林植物营养状况的管理工作。

园林植物多为生长期和寿命较长的乔灌木，生长发育需要大量养分。而且园林植物多年长期生长在同一个地方，根系所达范围内的土壤中所含的营养元素（如氮、磷、钾以及一些微量元素）是有限的，吸收时间长了，土壤的养分就会减低，不能满足植株继续生长的需要。尤其是植株根系会选择性吸收一些营养元素，更会造成土壤中这类营养元素的缺乏。此外，城市园林绿地中的土壤常经严重的践踏，土壤密实度大、密封度高，水气矛盾增加，会大大降低土壤养分的有效构成。同时由于园林植物的枯枝落叶常被清理掉，导致营养物质循环的中断，易造成养分的贫乏。如果植株生长所需营养不能及时得到补充，势必造成营养不良，轻则影响植株正常生长发育，出现黄叶、焦叶、生长缓慢、枯枝等现象，严重时甚至会导致植株衰弱死亡。因此，要想确保园林植物长期健康生长，只有通过合理施肥，增强植物的抗逆性，延缓衰老，才能达到枝繁叶茂的最佳观赏目的。这种人工补充养分或提高土壤肥力，以满足园林植物正常生活需要的措施，称为"施肥"。通过施肥，不但可以供给园林植物生长所必需的养分，还可以改良土壤理化性质，特别是施用有机肥料，可以提高土壤温度、改善土壤结构，使土壤疏松并提高透水、通气和保水能力，有利于植物的根系生长；同时，还为土壤微生物的繁殖与活动创造有利条件，进而促进肥料分解，有利于植物生长。

二、园林植物的营养诊断

园林植物的营养诊断是指导施肥的理论基础，是将植物矿物质营养原理运用到施肥管理中的一个关键环节。根据营养诊断结果进行施肥，是园林植物科学化养护管理的一个重要标志，它能使园林植物施肥管理达到合理化、指标化和规范化。

1. 造成园林植物营养贫乏症的原因

引起园林植物营养贫乏症的具体原因很多，主要包括以下几点。

（1）土壤营养元素缺乏。

这是引起营养贫乏症的主要原因。但某种营养元素缺乏到什么程度会发生营养贫乏症是一个复杂的问题，因为即使同种类的不同品种、不同生长期或不同气候条件都会有不同表现，所以不能一概而论。理论上说，每种植物都有对某种营养元素要求的最低限位。

（2）土壤酸碱度不合适。

土壤 pH 值影响营养元素的溶解度，即有效性。有些元素在酸性条件下易溶解，有效性高，如铁、硼、锌、铜等，其有效性随 pH 值降低而迅速增加；另一些元素则相反，当土壤 pH 值升高至偏碱性时，其有效性增加，如钼等。

（3）营养成分的平衡。

植物体内的各营养元素含量保持相对的平衡是保持植物体内正常代谢的基本要求，否则会导致代谢紊乱而出现生理障碍。一种营养元素如果过量存在常会抑制植物对另一种营养元素的吸收与利用。这种现象在营养元素间是普遍存在的，当其作用比较强烈时就会导致植物营养贫乏症的发生。生产中较常见的有磷-锌、磷-铁、钾-镁、氮-钾、氮-硼、铁-锰等。因此在施肥时需要注意肥料间的选择搭配，避免某种元素过多而影响其他元素的吸收与利用。

（4）土壤理化性质不良。

如果园林植物因土壤坚实、底层有隔水层、地下水位太高或盆栽容器太小等原因限制根系的生长，会引发甚至加剧园林植物营养贫乏症的发生。

（5）其他因素。

其他能引起营养贫乏症的因素有低温、水分、光照等。低温一方面可减缓土壤养分的转化，另一方面也削弱植物根系对养分的吸收能力，所以低温容易促进营养缺乏症的发生。雨量多少对营养缺乏症的发生也有明显的影响，主要表现为土壤过旱或过湿而影响营养元素的释放、流失及固定等，如干旱促进缺硼、钾及磷症，多雨容易促发缺镁症等。光照也影响营养元素吸收，光照不足对营养元素吸收的影响以磷最严重，因而在多雨少光照而寒冷的大气条件下，植物最易缺磷。

2.园林植物营养诊断的方法

园林植物营养诊断的方法包括土壤分析、叶样分析、形态诊断等。其中，形态诊断是行之有效且常用的方法，它是通过根据园林植物在生长发育过程中缺少某种元素时，其形态上表现出的特定的症状来判断该植物所缺元素的种类和程度。此法简单易行、快速，在生产实践中很有实用价值。

（1）形态诊断法。

植物缺乏某种元素，在形态上会表现某一症状，根据不同的症状可以诊断植物缺少哪一种元素。工作人员采用该方法要有丰富的经验积累才能准确判断。该诊断法的缺点是滞后性，即只有植物表现出症状才能判断，不能提前发现。

（2）综合诊断法。

植物的生长发育状况一方面取决于某一养分的含量，另一方面与该养分与其他养分之间的平衡程度有关。综合诊断法是按植物产量或生长量的高低分为高产组和低产组，分析各组叶片所含营养物质的种类和数量，计算出各组内养分浓度的比值，然后用高产组所有参数中与低产组有显著差别的参数作为诊断指标，再用与被测植物叶片中养分浓度的比值与标准指标的偏差值评价养分的供求状况。

该方法可对多种元素同时进行诊断，而且从养分平衡的角度进行诊断符合植物营养的实际。该方法诊断比较准确，但不足之处是需要专业人员的分析、统计和计算，应用受到限制。

三、园林植物合理施肥的原则

1. 根据园林植物在不同物候期内需肥的特性

一年内园林植物要历经不同的物候期，如根系活动、萌芽、抽梢、长叶、休眠等。在不同物候期园林植物的生长重心是不同的，相应的所需营养元素也不同，园林植物体内营养物质的分配也是以当时的生长重心为重心的。因此在每个物候期即将来临之前，及时施入当时生长所需要的营养元素，才能使植物正常生长发育。

在一年的生长周期内，早春和秋末是根系的生长旺盛期，需要吸收一定数量的磷，根系才能发达，伸入深层土壤。随着植物生长旺盛期的到来需肥量逐渐增加，生长旺盛期以前或以后需肥量相对较少，在休眠期甚至不需要施肥。在抽梢展叶的营养生长阶段，对氮元素的需求量大。开花期与结果期，需要吸收大量的磷、钾肥及其他微量元素，植物开花才能鲜艳夺目，果实充分发育。总的来说，根据园林植物物候期差异，具体施肥有萌芽肥、抽梢肥、花前肥、壮花稳果肥以及花后肥等。

就园林植物的生命周期而言，一般幼年期，尤其是幼年的针叶类树种生长需要大量的氮肥，到成年阶段对氮元素的需要量减少；对处于开花、结果高峰期的园林植物，要多施些磷钾肥；对古树、大树等树龄较长的要供给更多的微量元素，以增强其对不良环境因素的抵抗力。园林植物的根系往往先于地上部分开始活动，早春土壤温度较低时，在地上部分萌发之前，根系就已进入生长期，因此早春施肥应在根系开始生长之前进行，才能满足此时的营养物质分配重心，使根系向纵深方向生长。故冬季施有机基肥，对根系来年的生长极为有利；而早春速效性肥料不应过早施用，以免养分在根系吸收利用之前流失。

2. 园林植物种类不同，需肥期各异

园林绿地中栽植的植物种类很多，各种植物对营养元素的种类要求和施用时期各不相同，而观赏特性和园林用途也影响其施肥种类、施肥时间等。一般而言，观叶、赏形类园林植物需要较多的氮肥，而观花、观果类对磷、钾肥的需求量较大。如孤赏树、行道树、庭荫树等高大乔木类，为了使其春季抽梢发叶迅速，增大体量，常在冬季落叶后至春季萌芽前期间施用农家肥、饼肥、堆肥等有机肥料，使其充分熟化分解成宜吸收利用的状态，供春季生长时利用，这对于属于前期生长型的树木，如白皮松、黑松、银杏等特别重要。休眠期施基肥，对于柳树、国槐、刺槐、悬铃木等全期生长型树木的春季抽枝展叶也有重要作用。

对于早春开花的乔灌木，如玉兰、碧桃、紫荆、榆叶梅、连翘等，休眠期施肥对开花也具有重要的作用。这类植物开花后及时施入以氮为主的肥料有利于其枝叶形成，为来年开花结果打下基础。在其枝叶生长缓慢的花芽形成期，则施入以磷为主的肥料。总之，以观花为主的园林植物在花前和花后应施肥，以达到最佳的观赏效果。

对于在一年中可多次抽梢、多次开花的园林植物，如珍珠梅、月季等，每次开花后应及时补充营养，才能使其不断抽枝和开花，避免因营养消耗太大而早衰。这类植物一年内应多次施肥，花后施入以氮为主的肥料，既能促生新梢，又能促花芽形成和开花。若只施氮肥容易导致枝叶徒长而不易开花的情况出现。

3. 根据园林植物吸收养分与外界环境的相互关系

园林植物吸收养分不仅取决于其生物学特性，还受外界环境条件如光、热、气、水、土壤溶液浓度等的影响。

在光照充足、温度适宜、光合作用强时，植物根系吸肥量就多；如果光合作用减弱，由叶输导到根系的合成物质减少了，则植物从土壤中吸收营养元素的速度也会变慢。同样，当土壤通气不良或温度不适宜时，就会影响根系的吸收功能，也会发生类似上述的营养缺乏现象。土壤水分含量与肥效的发挥有着密切的关系。土壤干旱时施肥，由于不能及时稀释导致营养浓度过高，植物不能吸收利用反遭毒害，所以此时施肥有害无利。而在有积水或多雨时施肥，肥分易淋失，会降低肥料利用率。因此，施肥时期应根据当地土壤水分变化规律、降水情况或结合灌水进行合理安排。

另外，园林植物对肥料的吸收利用还受土壤酸碱反应的影响。当土壤呈酸性反应时，有利于阴离子的吸收（如硝态氮）；当呈碱性反应时，则有利于阳离子的吸收（如铵态氮）。除了对营养吸收有直接影响外，土壤的酸碱反应还能影响某些物质的溶解度，如在酸性条件下，能提高磷酸钙和磷酸镁的溶解度；而在碱性条件下，则降低铁、硼和铝等化合物的溶解度，从而也间接地影响植物对这些营养物质的吸收。

4. 根据肥料的性质施肥

施用的肥料的性质不同，施肥的时期也有所不同。一些容易淋失和挥发的速效性肥或施用后易被土壤固定的肥料，如碳酸氢铵、过磷酸钙等，为了获得最佳施肥效果，适宜在植物需肥期稍前施用；而一些迟效性肥料如堆肥、厩肥、圈肥、饼肥等有机肥料，因需腐烂分解、矿质化后才能被吸收利用，故应提前施用。

同一肥料因施用时期不同会有不同的效果。如氮肥或以含氮为主的肥料，由于能促进细胞分裂和延长、促进枝叶生长、并利于叶绿素的形成，故应在春季植物展叶、抽梢、扩大冠幅之际大量施入；秋季为了使园林植物能按时结束生长，应及早停施氮肥，增施磷钾肥，有利于新生枝条的老化，准备安全越冬。再如磷钾肥，由于有利于园林植物的根系和花果的生长，故在早春根系开始活动至春夏之交、园林植物由营养生长转向生殖生长阶段应多施入，以保证园林植物根系、花果的正常生长和增加开花量，提高观赏效果。同时磷钾肥还能增强枝干的坚实度，提高植物抗寒、抗病的能力，因此在园林植物生长后期（主要是秋季）应多施以提高园林植物的越冬能力。

四、园林植物的施肥时期

在园林植物的生产与管理中，施肥一般可分基肥和追肥。施用的要点是基肥施用的时期要早，而追肥施用得要巧。

1. 基肥

基肥是在较长时期内供给园林植物养分的基本肥料，主要是一些迟效性肥料，如堆肥、厩肥、圈肥、鱼肥、血肥以及农作物的秸秆、树枝、落叶等，使其逐渐分解，提供大量元素和微量元素供植物在较长时间内吸收利用。

园林植物早春萌芽、开花和生长，主要是消耗体内储存的养分。如果植物体内储存的养分丰富，可提高开花质量和坐果率，也有利于枝繁叶茂、增加观赏效果。园林植物落叶前是积累有机养分的重要时期，这时根系吸收强度虽小，但是持续时间较长，地上部分制造的有机养分主要用于储藏。为了提高园林植物的营养水平，我国北方一些地区多在秋分前后施入基肥，但时间宜早不宜晚，尤其是对观花、观果及从南方引种的植物更应早施，如施得过迟，会使植物生长停止时间推迟，降低植物的抗寒能力。

秋施基肥正值根系秋季生长高峰期，由施肥造成的伤根容易愈合并可发出新根。如果结合施基肥能再施入部分速效性化肥，可以增加植物体内养分积累，为来年生长和发芽打好物质基础。秋施基肥，由于有机质有充分的时间腐烂分解，可提高矿质化程度，来春可及时供给植物吸收和利用。另外增施有机肥还可提高土壤孔隙度，使土壤疏松，有利于土壤积雪保墒，防止冬春土壤干旱，并可提高地温，减少根际冻害的发生。

春施基肥，因有机物没有充分时间腐烂分解，肥效发挥较慢，在早春不能及时供给植物根系吸收，而到生长后期肥效才发挥作用，往往会造成新梢二次生长，对植物生长发育不利。特别是不利于某些观花、观果类植物的花芽分化及果实发育。因此，若非特殊情况（如由于劳动力不足秋季来不及施），最好在秋季施用有机肥。

2. 追肥

追肥又叫补肥，根据植物各生长期的需肥特点及时追肥，以调解植物生长和发育的矛盾。在生产上，追肥的施用时期常分为前期追肥和后期追肥。前期追肥又分为花前追肥、花后追肥和花芽分化期追肥。具体追肥时期与地区、植物种类、品种等因素有关，并要根据各物候期特点进行追肥。对观花、观果植物而言，花后追肥与花芽分化期追肥比较重要，而对于牡丹、珍珠梅等开花较晚的花木，这两次肥可合为一次。由于花前追肥和后期追肥常与基肥施用时期相隔较近，条件不允许时也可以不施，但对于花期较晚的花木类如牡丹等开花前必须保证追肥一次。

五、肥料的用量

园林植物施肥量包括肥料中各种营养元素的比例和施肥次数等数量指标。

1. 影响施肥量的因素

园林植物的施肥量受多种因素的影响，如植物种类、树种习性、树体大小、植物年龄、土壤肥力、肥料的种类、施肥时间与方法以及各个物候期需肥情况等，因此难以制定统一的施肥量标准。

在生产与管理过程中，施肥量过多或不足，对园林植物生长发育均有不良影响。据报道，植物吸肥量在一定范围内随施肥量的增加而增加，超过一定范围，随着施肥量的增加而吸收量下降。施肥过多植物不能吸收，既造成肥料的浪费，又可能使植物遭受肥害；而施肥量不足则达不到施肥的目的。因此，园林植物的施肥量既要满足植物需求，又要以经济用肥为原则。以下情况可以作为确定施肥量的参考。

（1）不同的植物种类施肥量不同。不同的园林植物对养分的需求量是不一样的，如梧桐、梅花、桃、牡丹等植物喜肥沃土壤，需肥量比较大；而沙棘、刺槐、悬铃木、火棘、臭椿、荆条等则耐瘠薄的土壤，需肥量相对较少。开花、结果多的应较开花结果少的多施肥，长势衰弱的应较生长势过旺或徒长的多施肥。不同的植物种类施用的肥料种类也不同，如以生产果实或油料为主的应增施磷钾肥。一些喜酸性的花木，如杜鹃、山茶、栀子花、八仙花（绣球花）等，应施用酸性肥料，而不能施用石灰、草木灰等碱性肥料。

（2）根据对叶片的营养分析确定施肥量。植物的叶片所含的营养元素量可反映植物体的营养状况，所以近20年来，广泛应用叶片营养分析法来确定园林植物的施肥量。用此法不仅能查出肉眼见得到的缺素症状，还能分析出多种营养元素的不足或过剩，以及能分辨两种不同元素引起的相似症状，而且能在病症出现前及早测知。

另外，在施肥前还可以通过土壤分析来确定施肥量，此法更为科学和可靠。但此法易受设备、仪器等条件的限制，以及植物种类、生长期不同等因素影响，所以比较适合用于大面积栽培的植物种类比较集中的生产与管理。

2. 施肥量的计算

关于施肥量的标准有许多不同的观点。在我国一些地方，有以园林树木每厘米胸径 0.5kg 的标准作为计算施肥量依据的。但就同一种园林植物而言，化学肥料、追肥、根外施肥的施肥浓度一般应分别较有机肥料、基肥和土壤施肥要低些，要求也更严格。一般情况下，化学肥料的施用浓度一般不宜超过 1%~3%，而叶面施肥多为 0.1%~0.3%，一些微量元素的施肥浓度应更低。

随着电子技术的发展，对施肥量的计算也越来越科学与精确。目前园林植物施肥量的计算方法常参考果树生产与管理上所用的计算方法。通过下面的公式能精确地计算施肥量，但前提是先要测定出园林植物各器官每年从土壤中吸收各营养元素的肥量，减去土壤中能供给的量，同时还要考虑肥料的损失。

施肥量 =（园林植物吸收肥料元素量 - 土壤供给量）/ 肥料利用率（7-2）

此计算方法需要利用计算机和电子仪器等先测出一系列精确数据，然后再计算施肥量，由于设备条件的限制和在生产管理中的实用性与方便性等原因，目前在我国的园林植物管理中还没有得到广泛应用。

六、施肥的方法

根据施肥部位的不同，园林植物的施肥方法主要有土壤施肥和根外施肥两大类。

1. 土壤施肥

土壤施肥就是将肥料直接施入土壤中，然后通过植物根系进行吸收的施肥，它是园林植物主要的施肥方法。

土壤施肥深度由根系分布层的深浅而定，根系分布的深浅又因植物种类而异。施肥时应将肥料施在吸收根集中分布区附近，才能被根系吸收利用，充分发挥肥效并引导根系向外扩展。从理论上讲，在正常情况下，园林植物的根系多数集中分布在地下 10~60 cm 深范围内，根系的水平分布范围多数与植物的冠幅大小相一致，即主要分布在冠幅外围边缘垂直投影的圆周内，故可在冠幅外围与地面的水平投影处附近挖掘施肥沟或施肥坑。由于许多园林树木常常经过造型修剪，其冠幅大大缩小，导致难以确定施肥范围。在这种情况下，有专家建议，可以将离地面 30 cm 高处的树干直径值扩大 10 倍，以此数据为半径、树干为圆心，在地面画出的圆周边即为吸收根的分布区，该圆周附近处即为施肥范围。

一般比较高大的园林树木类土壤施肥深度应在 20~50 cm，草本和小灌木类相应要浅一些。事实上，影响施肥深度的因素有很多，如植物种类、树龄、水分状况、土壤和肥料种类等。一般来说，随着树龄增加，施肥时要逐年加深并扩大施肥范围,以满足树木根系不断扩大的需要。一些移动性较强的肥料种类(如氮素),由于在土壤中移动性较强,可适当浅施,随灌溉或雨水渗入深层;而移动困难的磷、钾等元素,应深施在吸收根集中分布层内,直接供根系吸收利用,减少土壤的吸附,充分发挥肥效。

目前生产上常见的土壤施肥方法有全面施肥、沟状施肥和穴状施肥等,爆破施肥法也有少量应用。

(1)全面施肥。

全面施肥分洒施与水施两种。洒施是将肥料均匀地洒在园林植物生长的地面,然后再翻入土中。其优点是方法简单、操作方便、肥效均匀,但不足之处是施肥深度较浅、养分流失严重、用肥量大,易诱导根系上浮而降低根系抗性。此法若与其他施肥方法交替使用则可取长补短,充分发挥肥料的功效。

水施是将肥料随洒水时施入。施入前,一般需要以根基部为圆心,内外30~50 cm处做围堰,以免肥水四处流溢。该法供肥及时、肥效分布均匀,既不伤根系又保护耕作层土壤结构,肥料利用率高,节省劳力,是一种很有效的施肥方法。

(2)沟状施肥。

沟状施肥包括环状沟施、放射状沟施和条状沟施,其中环状沟施方法应用较为普遍。环状沟施是指在园林植物冠幅外围稍远处挖环状沟施肥,一般施肥沟宽30~40 cm、深30~60 cm。该法具有操作简便、肥料与植物的吸收根接近便于吸收、节约用肥等优点,但缺点是受肥面积小,易伤水平根,多适用于园林中的孤植树。放射状沟施就是从植物主干周围向周边挖一些放射状沟施肥,该法较环状沟施伤根要少,但施肥部位常受限制。条状沟施是在植株行间或株间开沟施肥,多适用于苗圃施肥或呈行列式栽植的园林植物。

(3)穴状施肥。

穴状施肥与沟状施肥方法类似,若将沟状施肥中的施肥沟变为施肥穴或坑就成了穴状施肥。栽植植物时栽植坑内施入基肥,实际上就是穴状施肥。目前穴状施肥已可机械化操作:把配制好的肥料装入特制容器内,依靠空气压缩机通过钢钻直接将肥料送入到土壤中,供植物根系吸收利用。该方法快速省工,对地面破坏小,特别适合有铺装的园林植物的施肥。

（4）爆破施肥。

爆破施肥就是利用爆破时产生的冲击力将肥料冲散在爆破产生的土壤缝隙中，扩大根系与肥料的接触面积。这种施肥法适用于土层比较坚硬的土壤，优点是施肥的同时还可以疏松土壤。该法目前在果树的栽培中偶有使用，但在城市园林绿化中应用须谨慎，事前须经公安机关批准，且在离建筑物近、有店铺及人流较多的公共场所不应使用。

2. 根外施肥

目前生产上常用的根外施肥方法有叶面施肥和枝干施肥两种。

（1）叶面施肥。

叶面施肥是指将按一定浓度配制好的肥料溶液，用喷雾机械直接喷雾到植物的叶面上，通过叶面气孔和角质层的吸收，再转移运输到植物的各个器官。叶面施肥具有简单易行、用肥量小、吸收见效快、可满足植物急需等优点，避免了营养元素在土壤中的化学或生物固定。该施肥方式在生产上应用较为广泛，如在早春植物根系恢复吸收功能前，在缺水季节或不使用土壤施肥的地方，均可采用此法。同时，该方法也特别适合用于微量元素的施肥以及对树体高大、根系吸收能力衰竭的古树、大树的施肥；对于解决园林植物单一营养元素的缺素症也是一种行之有效的方法。但需要注意的是，叶面施肥并不能完全代替土壤施肥，二者结合使用效果会更好。

叶面施肥的效果受多种因素的影响，如叶龄、叶面结构、肥料性质、气温、湿度、风速等。一般来说，幼叶较老叶吸收速度快、效率高，叶背较叶面气孔多，利于渗透和吸收，因此，应对叶片进行正反两面喷雾，以促进肥料的吸收。肥料种类不同，被叶片吸收的速度也有差异。据报道，硝态氮、氮化镁喷后15s进入叶内，而硫酸镁需30 s，氯化镁需15 min，氯化钾需30 min，硝酸钾需1 h，铵态氮需2 h才进入叶内。另外，喷施时的天气状况也影响吸收效果。试验表明，叶面施肥最适温度为18℃~25℃，因而夏季喷施时间最好在上午10：00以前和下午16：00以后，以免气温高，溶液很快浓缩，影响喷肥效果或导致肥害。此外，在湿度大而无风或微风时喷施效果好，可避免肥液快速蒸发降低肥效或导致肥害。

在实际的生产与管理中，喷施叶面肥的喷液量以叶湿而不滴为宜。叶面施肥液适宜肥料含量为1%~5%，并尽量喷复合肥，可省时、省工。另外，叶面施肥常与病虫害的防治结合进行，此时配制的药物浓度和肥料浓度比例至关重要。在没有足够把握的情况下，溶液浓度应宁淡勿浓。为保险起见，在大面积喷施前需要做小型试验，确定不引起药害或肥害再大面积喷施。

（2）枝干施肥。

枝干施肥就是让植物通过植物枝、茎的韧皮部来吸收肥料营养，它吸肥的机理和效果与叶面施肥基本相似。枝干施肥有枝下涂抹、枝干注射等方法。

涂抹法就是先将植物枝干刻伤，然后在刻伤处加上含有营养元素的团体药棉，供枝干慢慢吸收。

注射法是将肥料溶解在水中制成营养液，然后用专门的注射器注入枝干。目前已有专用的枝干注射器，但应用较多的是输液方式。此法的好处是避免将肥料施入土壤中的一系列反应的影响和固定、流失，受环境的影响较小，节省肥料，在植物体急需补充某种元素时用本法效果较好。注射法目前主要用于衰老的古树、大树、珍稀树种、树桩盆景以及大树移栽时的营养供给。

另外，美国生产的一种可埋入枝干的长效固体肥料，通过树液湿润药物来缓慢地释放有效成分，供植物吸收利用，有效期可保持3~5 a，主要用于行道树的缺锌、缺铁、缺锰等营养缺素症的治疗。

第五节　园林植物的其他养护管理

园林植物能否生长良好并尽快发挥其最佳的观赏效果或生态效益，不仅取决于工作人员是否做好土、水、肥管理，还取决于能否根据自然环境和人为因素的影响，进行相应的其他养护管理，为不同年龄阶段和不同环境下的园林植物创造适宜的生长环境，使植物体长期维持较好的生长势。因此，为了让园林植物生长良好，充分展现其观赏特性，应根据其生长地的气候条件做好各种自然灾害的防治工作，对受损植物进行必要的保护和修补，使之能够长久地保持花繁、叶茂、形美的园林景观。同时管理过程中应制定养护管理的技术标准和操作规范，使养护管理做到科学化、规范化。

一、冻害

冻害主要指植物因受低温的伤害而使细胞和组织受伤甚至死亡的现象。

1. 植物冻害发生的原因

植物冻害发生的原因很复杂。从植物本身来说，植物种类、株龄、生长势，当年枝条的长度及休眠与否都与该植物是否受冻有密切关系；从外界环境条件来说，气候、地形、水体、土壤、栽培管理等也可能与植物是否受冻有关。因此当植物发生冻害时，应从多方面分析，找出主要原因，提出有针对性的解决办法。

（1）抗冻性与植物种类的关系。

不同的植物抗冻能力不一样。如樟子松比柏松抗冻，油松比马尾松抗冻；同是秋后的秋子梨比白梨和沙梨抗冻。又如原产长江流域的梅品种就比广东的黄梅抗寒。

（2）抗冻性与组织器官的关系。

同一植物的不同器官、同一枝条的不同组织，对低温的忍耐能力不同。如新梢、根茎、花芽等抗寒能力较弱，叶芽形成层耐寒力强，而髓部抗寒力最弱。抗寒力弱的器官和组织对低温特别敏感，因此这些组织和器官是防寒管理的重点。

（3）抗冻性与枝条成熟度的关系。

枝条的成熟度越大，其抗冻能力越强。枝条充分成熟的标志：木质化的程度高，含水量减少，细胞液浓度增加，积累淀粉多。在降温来临之前，如果还不能停止生长且未能进行抗寒锻炼的植株容易遭受冻害。为此，在秋季管理时要注意适当控肥控水，让植物及时结束生长，促进枝条成熟，增强植株抗冻能力。

（4）抗冻性与枝条休眠的关系。

冻害的发生与植物的休眠和抗寒锻炼有关，一般处在休眠状态的植株抗寒力强，植株休眠越深，抗寒力越强。植物体的抗寒能力是在秋天和初冬期间逐渐获得的，这个过程称为"抗寒锻炼"。一般植物要通过抗寒锻炼才能获得抗冻能力。到了春季，抗冻能力又逐渐趋于丧失，这一丧失过程称为"锻炼解除"。

植物春季解除休眠的早晚与冻害发生有密切关系。解除休眠早的，受早春低温威胁较大；休眠解除较晚的，可以避开早春低温的威胁。因此，冻害的发生往往不在绝对温度最低的休眠期，而常在秋末或春初时发生。因此，园林植物的越冬能力不仅表现在对低温的抵抗能力，还表现在休眠期和解除休眠期后对综合环境条件的适应能力。

（5）冻害与低温来临时状况的关系。

当低温到来得早或突然、植物体本身未经抗寒锻炼、管理者也没有采取防寒措施时，就很容易发生冻害。每日极端最低温度越低，植物受冻害的程度就越大；低温持续的时间越长，植物受害越大；降温速度越快，植物受害就越重。此外，植物受低温影响后，如果温度急剧回升，则比缓慢回升受害严重。

（6）引起冻害发生的其他因素。

除以上因素外，地势、坡向，植物离水源的远近，栽培管理水平都会影响植物是否受冻或受冻害的程度。

2.园林植物冻害的表现

园林植物在遭受冻害后，不同的组织和器官往往有不同的表现，这是生产管理中判断植物是否受冻害以及受冻害轻重的重要依据。

（1）花芽。

花芽是植物体上抗寒力较弱的器官，花芽冻害多发生在春季回暖时期，腋花芽较顶花芽的抗寒力强。花芽受冻后，内部变褐色，初期从表面上只看到芽鳞松散，不易鉴别，到后期则芽不萌发，干缩枯死。

（2）枝条。

枝条的冻害与其成熟度有关。成熟的枝条，在休眠期后形成层最抗寒、皮层次之，而木质部、髓部最不抗寒。随受冻程度加重，髓部、木质部先后变色，严重受冻时韧皮部才受伤，如果形成层受冻变色则枝条就失去了恢复能力，但在生长期则以形成层抗寒力最差。

幼树在秋季因雨水过多徒长，停止生长较晚，枝条生长不充实，易加重冻害。特别是成熟不良的先端对严寒敏感，常首先发生冻害，轻者髓部变色，较重时枝条脱水干缩，严重时枝条可能冻死。

多年生枝条发生冻害，常表现为树皮局部冻伤，受冻部分最初稍变色下陷，不易被发现，如果用刀挑开，可发现皮部已变褐；以后逐渐干枯死亡，皮部裂开和脱落。但是如果形成层未受冻，则可逐渐恢复。

（3）枝杈和基角。

枝杈或主枝基角部分进入休眠较晚，位置比较隐蔽，输导组织发育不好，通过抗寒锻炼较迟，因此遇到低温或昼夜温差变化较大时，易引起冻害。树杈冻害有多种表现：有的受冻后皮层变褐色，而后干枝凹陷；有的树皮呈块状冻坏；有的顺主干垂直冻裂形成劈枝。主枝与树干的基角越小枝杈基角冻害也越严重。这些表现随冻害的程度和树种、品种而有所不同。

（4）主干。

主干受冻后有的形成纵裂，一般称为"冻裂"现象，树皮成块状脱离木质部。一般生长过旺的幼树主干易受冻害，这些伤口极易发生腐烂病。

形成冻裂的主要原因是气温突然急剧下降到零下，树皮迅速冷却收缩，致使主干组织内外张力不均，导致自外向内开裂或树皮脱离木质部。树干"冻裂"常发生在夜间，随着气温的变暖，冻裂处又可逐渐愈合。

（5）根茎和根系。

在一年中根茎停止生长最迟，进入休眠期最晚，而解除休眠和开始活动又较早，因此在温度骤然下降的情况下，根茎未能很好地通过抗寒锻炼；同时近地表处温度变化又剧烈，因而容易引起根茎的冻害。根茎受冻后，树皮先变色然后干枯，可发生在局部、也可能呈环状，根茎冻害对植株危害很大，严重时会导致整株死亡。

根系无休眠期，所以根系较其地上部分耐寒力差。但根系在越冬时活动力会明显减弱，故其耐寒力较生长期略强一些。根系受冻后表现为变褐，皮部易与木质部分离。一般粗根比细根耐寒力强，近地面的粗根由于地温低，较下层根系易受冻；新栽的植株或幼龄植株因根系细小而分布又浅，易受凉害，而大树则抗寒力相当强。

3. 园林植物冻害的防治

我国气候类型比较复杂，园林植物种类繁多、分布范围又广，而且常有寒流侵袭，因此，经常会发生冻害。冻害对园林植物威胁很大，轻者冻死部分枝干，严重时会将整棵大树冻死。植物局部受冻以后，常常引起溃疡性寄生菌寄生的病害，使生长势大大衰弱，从而造成这类病害和冻害的恶性循环。

有些植物虽然抗寒力较强，但花期容易受冻害，影响观赏效果。因此，预防冻害对园林植物正常功能的发挥及通过引种丰富园林植物的种类具有重要的意义。为了做好园林植物冻害的预防工作，在园林的生产与管理中需要注意以下几个方面。

（1）在园林绿地植物配置时，应该因地制宜，多用乡土植物。

在园林绿地的建设中，因地制宜地种植抗寒力强的乡土植物，在小气候条件比较好的地方种植边缘树种，这样可以大大减少越冬防寒的工作量；同时注意栽植防护林和设置风障，改善小气候条件预防和减轻冻害。

（2）加强栽培管理，提高抗寒性。

加强栽培管理（尤其重视后期管理）有助于植物体内营养物质的储备、提高抗寒能力。在生产管理过程中，春季应加强肥水供应，合理应用排灌和施肥技术，促进新梢生长和叶片增大，提高光合效能，增加植物体内营养物质的积累，保证植株健壮；管理后期要及时控制灌水和排涝，适量施用磷钾肥，勤锄深耕，促使枝条及早结束生长，有利于组织充实，延长营养物质的积累时间，从而能更好地进行抗寒锻炼。

此外，管理过程中结合一些其他管理措施也可以提高植株的抗寒能力，如夏季适期摘心，促进枝条及早成熟；冬季修剪，减少冬季蒸发面积；人工落叶等。同时，在整个生长期必须加强对病虫害的防治，减少病虫害的发生，保证植株健壮也是提高植株抗寒能力的重要措施。

（3）加强植物体保护，减少冻害。

对植物体保护的方法很多，一般的植物种类可用浇"封冻水"防寒。为了保护容易受凉的种类，可采用一些其他防寒措施，如全株培土、根茎培土（高30~50 cm）、箍树、枝干涂白、主干包草、搭风障、北面培月牙形土埂等；对一些低矮的植物，还可以用搭棚、盖草帘等方法防寒。以上的防治措施应在冬季低温来临之前完成，以免低温突袭造成冻害。在特别寒冷干旱的地区，也可以在植物的周围堆雪以保持温度恒定，避免寒潮引起大幅降温而使植株受冻，早春也可起到增湿保墒作用。

（4）加强受冻植株的养护管理，促其尽快恢复生长势。

植物受冻后根系的吸收、输导，叶的蒸腾、光合作用以及梢株的生长等均遭到破坏，因此受冻后植物的护理对其后期的恢复极为重要。为此，植物受冻后应尽快地采取措施，恢复其输导系统，治愈伤口，缓和缺水现象，促进休眠芽萌发和叶片迅速增大。受冻后再恢复生长的植物常表现出生长不良，因此首先要对这部分植株加强管理，保证前期的水肥供应，亦可以早期追肥和根外追肥以补给养分。

受冻植株要适当晚剪和轻剪，让其有充足的时间恢复。对明显受冻枯死部分要及时剪除，以利于伤口愈合；对于受冻不明显的部位不要急于修剪，待春天发芽后再做决定。受冻造成的伤口要及时治疗，应喷白或涂白预防日灼，并做好防治病虫害和保叶工作。对根茎受冻的植株要及时嫁接或根接，以免植株死亡。树皮受冻后成块脱离木质部的要用钉子钉住或进行嫁接补救。

以上措施只是植物受冻后的一些补救措施，并不能从根本上解决园林植物受冻的问题。最根本的办法是加强引种驯化和育种工作，选育优良的抗寒园林植物种类。

二、霜害

1. 霜冻的形成原因及危害特点

在生长季节里由于急剧降温，水汽凝结成霜使梢体幼嫩部分受冻称为霜害。我国除台湾与海南岛的部分地区外，由于冬春季寒潮的侵袭，均会出现零度以下的低温。在早秋及晚春寒潮入侵时，常使气温急剧下降形成霜害。一般纬度越高，无霜期越短；在同一纬度上，我国西部无霜期较东部短。另外小地形与无霜期有密切关系，一般坡地较洼地、南坡较北坡、靠近大水面的较无大水面的地区无霜期长，受霜冻威胁较轻。

在我国北方地区，晚霜较早霜具有更大的危害性。因为从萌芽至开花期，植物的抗寒能力越来越弱，甚至极短暂的零度以下温度也会给幼微组织带来致命的伤害。在这一时期，霜冻来临越快则植物越容易受害，且受害也越重。春季萌芽越早的植物，受霜冻的威胁也越大，如北方的杏树开花比较早，最易遭受霜害。

霜冻会严重地影响园林植物的正常生长和观赏效果，轻则生长势减弱，重者会全株死亡。早春萌芽时受霜后，嫩芽和嫩枝会变褐色，鳞片松散而干枯在枝上。如花期受霜冻，由于雌蕊最不耐寒，轻者将雌蕊和花托冻死，但花朵能正常开放；重者会将雄蕊冻死，花瓣受冻变枯、脱落。幼果受霜冻，轻则幼胚变褐，果实仍保持绿色，以后逐渐脱落；重则全果变褐色，很快脱落。

2.防霜措施

针对霜冻形成的原因和危害特点采取的防霜措施应着重考虑以下几个方面：增加或保持植物周围的热量，促使上下层空气对流，避免冷空气积聚，推迟植物的萌动期以增加对霜冻的抵抗力等。

（1）推迟萌动期，避免霜害。

利用药剂和激素或其他方法使园林植物推迟萌动（延长植株的休眠期），因为推迟萌动和延迟开花，可以躲避早春"田春寒"的霜冻。例如，乙烯利、青鲜素、萘乙酸钾盐水（250~500 mg/kg）在萌芽前后至开花前灌洒植株上，可以抑制萌动；在早春多次灌返浆水或多次喷水降低地温，如在萌芽前后至开花前灌水2~3次，一般可延迟开花2~3 d；在管理上也可结合病虫害的防治用涂白减少植株对太阳热能的吸收，使温度升高较慢，此法可延迟发芽开花2~3 d，能防止植株遭受早春的霜冻。

（2）改变小气候条件以防霜冻。

在早春，园林植物萌芽、开花期间，根据气象台的霜冻预报及时采取防护措施，可以有效保护园林植物免受霜冻或减轻霜冻。

（3）根外追肥。

为了提高园林植物抗霜冻的能力，也可以在早春植物萌动前后，用合适的肥料浓度喷洒枝干，进行根外追肥。因为根外追肥能增加细胞浓度，提高抗霜冻能力，效果很好。

（4）霜后的管理工作。

在霜冻发生后，人们往往忽视植物受冻后的管理工作，这是不对的。因为霜后如果采取积极的管理措施，可以减轻危害，特别是对一些花灌木和果树类，如及时采取叶面喷肥等措施以恢复树势，可以减少因霜害造成的损失，夺回部分产量。

三、风害

在多风地区，园林植物常发生风害，出现偏冠和偏心现象。偏冠会给园林植物的整形修剪带来困难，影响其功能的发挥；偏心的植物易遭受冻害和日灼，影响其正常发育。我国北方冬春季节多大风天气又干旱少雨，此时期的大风易使植物损失过多的水分，造成枝条干梢或枯死，又称"抽梢"现象。春季的旱风，常将新梢嫩叶吹焦、花瓣吹落、缩短花期，不利于授粉受精。夏秋季我国东南沿海地区的园林植物又常遭受台风袭击，常使枝叶折损、大枝折断，甚至整株吹倒，尤其是阵发性大风，对高大植物的破坏性更大。

尽管诸多因素会导致园林植物风害的发生，但是通过适当的栽培与管理措施，风害也是可以预防和减轻的。

1. 栽培管理措施

在种植设计时要注意在风口、风道等易遭风害的地方选择抗风种类和品种，并适当密植，修剪时采用低干矮冠整形。此外，要根据当地特点，设置防护林，可降低风速、减少风害损失。在生产管理过程中，应根据当地实际情况采取相应防风措施。如排除积水，改良栽植地的土壤质地，培育健壮苗木，采取大穴换土、适当深植等措施使根系往深处延伸。合理修剪控制树形，定植后及时设立支柱，对结果多的植株要及早吊枝或顶枝，对幼树和名贵树种设置风障等，可有效地减少风害的危害。

2. 加强对受害植株的维护管理

对于遭受过大风危害、折枝、伤害树冠或被刮倒的植物，要根据受害情况及时进行维护。对被刮倒的植物要及时顺势培土、扶正，修剪部分或大部分枝条，并立支杆以防植物被再次吹倒。对裂枝要顶起吊枝，捆紧基部创面，或涂激素药膏促其愈合，加强肥水管理，促进树势的恢复。对难以补救或没有补救价值的植株应淘汰掉，秋后或早春重新换植新植株。

四、雪害（冰挂）

积雪本身对园林植物一般无害，但常常会因为植物体上积雪过多而压裂或压断枝干。同时，因融雪期气温不稳定，积雪时融时冻交替出现、冷却不均也易引起雪害。因此在多雪地区，应在大雪来临前对植物主枝设立支柱，枝叶过密的还应进行疏剪；在雪后应及时将被雪压倒的枝株或枝干扶正，振落积雪或采用其他有效措施防止雪害。

第六节　园林植物的保护和修补

园林植物的主干和骨干枝上，往往因病虫害、冻害、日灼及机械损伤等造成伤口，对这些伤口如不及时保护、治疗、修补，经过长期雨水侵蚀和病菌寄生，易造成内部腐烂形成空洞。有空洞的植株，尤其是高大的树木类，如果遇到大风或其他外力，则枝干非常容易被折断。另外，园林植物还经常受到人为的有意无意的损坏，如种植土被长期践踏得很坚实，在枝干上刻字留念或拉枝、折枝等不文明现象，这些都会对园林植物的生长造成很大的影响。因此，对园林植物的及时保护和修补是非常重要的养护措施。

一、枝干伤口的治疗

对园林植物枝干上的伤口应及时治疗，以免伤口扩大。如是因病、虫、冻害、日灼或修剪等造成的伤口，应首先用锋利的刀刮净、削平伤口四周，使皮层边缘呈弧形，然后用药剂（2%~5%硫酸铜液、0.1%的升汞溶液、石硫合剂原液）消毒。对由修剪造成的伤口，应先将伤口削平然后涂以保护剂。选用的保护剂要求容易涂抹、黏着性好、受热不融化、不透雨水、不腐蚀植物体，同时又有防腐消毒的作用，如铅油等。大量应用时也可用黏土和鲜牛粪加少量的石硫合剂的混合物作为涂抹剂，如用含有0.01%~0.1%的植物生长调节剂a-萘乙酸涂剂，会更有利于伤口的愈合。

如果是由于大风使枝干断裂，应立即捆缚加固，然后消毒、涂保护剂。如有的地方用两个半弧圈做成铁箍加固断裂的枝干，为了避免损伤树皮，常用柔软物做垫，用螺栓连接，以便随着干径的增粗而放松；有的用带螺纹的铁棒或螺栓旋入枝干，起到连接和夹紧的作用。对于由于雷击使枝干受伤的植株，应及时将烧伤部位锯除并涂保护剂。

二、补树洞

园林树木因各种原因造成的伤口长久不愈合，长期外露的木质部会逐渐腐烂而形成树洞，严重时会导致树木内部中空、树皮破裂，一般称为"破肚子"。由于树干的木质部及髓部腐烂，输导组织遭到破坏，影响水分和养分的正常运输及储存，严重削弱树势，导致枝干的坚固性和负载能力减弱，树体寿命缩短。为了防止树洞继续扩大和发展，要及时修补树洞。

1. 开放法

如果树洞不深或树洞过大都可以采用此法，如无填充的必要，可按伤口治疗方法处理。如果树洞能给人以奇特之感，可留下来做观赏用。此时可将洞内腐烂木质部彻底清除，刮去洞口边缘的死组织直至露出新的组织为止，用药剂消毒并涂防护剂，同时改变洞形以利于排水，也可以在树洞最下端插入排水管，以后经常检查防水层和排水情况，防护剂每隔半年左右重涂一次。

2. 封闭法

树洞经处理消毒后，在洞口表面钉上板条，以油灰和麻刀灰封闭（油灰是用生石灰和熟桐油以 1.00 ∶ 0.35 调制，也可以直接用安装玻璃用的油灰，俗称腻子），再涂以白灰乳胶、颜料粉面，以增加美观，还可以在上面压树皮状纹或钉上一层真树皮。

3. 填充法

填充法修补树洞用的是水泥和小石砾的混合物，填充材料必须压实。为便于填充物与植物本质部连接，洞内可钉若干电镀铁钉，并在洞口内两侧挖一道深约 4 cm 的凹槽。填充物从底部开始，每 20~25 cm 为一层，用油毡隔开，每层表面都向外倾斜以利于排水。填充物边缘不应超出木质部，以便形成层形成的愈伤组织覆盖其上。外层可用石灰、乳胶、颜色粉涂抹。为了增加美观和富有真实感，可在最外面钉一层真树皮。

现在也有用高分子化合材料环氧树脂、固化剂和无水乙醇等物质的聚合物与耐腐朽的木材（如侧柏木材）等材料填补树洞。

三、吊枝和顶枝

顶枝法在园林植物上应用较为普通，尤其是在古树的养护管理中应用最多，而吊枝法在果园中应用较多。大树或古树如倾斜不稳或大枝下垂时，需设立柱支撑，立柱可用金属、木桩、钢筋混凝土材料等做成。支柱的基础要做稳固，上端与树干连接处应有适当形状的托杆和托碗，并加软垫以免损害树皮。设立的支柱要考虑美观并与环境协调。如有的公园将立柱漆成绿色，并根据具体情况做成廊架式或篱架式，效果就很好。

四、涂白

园林植物枝干涂白，目的是防治病虫害、延迟萌芽，也可避免日灼危害。如在果树生产管理中，桃树枝干涂白后较对照花期能推迟 5 d，可有效避开早春的霜冻危害。因此，在早春容易发生霜冻的地区，可以利用此法延迟芽的萌动期，避免霜冻。又如紫薇比较容易发生病虫害，管理中应用涂白可以有效防治病虫害的发生。再如杨柳树、国槐、合欢等易遭蛀虫的树种涂白，可有效防治蛀干害虫。

涂白剂的常用的配方是：水 10 份，生石灰 3 份，石硫合剂原液 0.5 份，食盐 0.5 份，油脂（动植物油均可）少许。配制时先化开石灰，倒入油脂后充分搅拌，再加水拌成石灰乳，最后放入石硫合剂及盐水，为了延长涂白的有效期，可加黏着剂。

五、桥接与补根

植物在遭受病虫、冻伤、机械损伤后，皮层受到损伤，影响树液上下流通，会导致树势削弱。此时，可用几条长枝连接受损处，使上下连通，有利于恢复生长势。具体做法为：削掉坏死皮层，选枝干上皮层完好处，在枝干连接处（可视为砧木）切开和接穗宽度一致的上下接口，接穗稍长一点，也将上下两端削成同样斜面插入枝干皮层的上下接口中，固定后再涂保护剂以促进愈合。桥接方法多用于受损庭院大树及古树名木的修复与复壮的养护与管理。补根也是桥接的一种方式，就是将与老树同种的幼树栽植在老树附近，幼树成活后去头，将幼树的主干接在老树的枝干上，以幼树的根系为老树提供营养，达到老树复壮的目的。一些古树名木，在其根系大多功能减迟，生长势减弱时可以用此法对其复壮。

总的来说，园林植物的保护应坚持"防重于治"的原则。平时做好各方面的预防工作，尽量防止各种灾害的发生，同时做好宣传教育工作，避免游客不文明现象的发生。对植物体上已经造成的伤口，应及早治愈，防止伤口扩大。

参考文献

[1] 杜迎刚. 园林植物栽培与养护 [M]. 北京：北京工业大学出版社，2019：11.

[2] 顾建中，梁继华，田学辉. 园林植物识别与应用 [M]. 长沙：湖南科学技术出版社, 2019：8.

[3] 黄金凤. 园林植物 [M]. 北京：中国水利水电出版社, 2018：11.

[4] 贾东坡，齐伟. 园林植物 [M]. 5 版. 重庆：重庆大学出版社, 2019：7.

[5] 江明艳，陈其兵. 风景园林植物造景 [M]. 2 版. 重庆：重庆大学出版社，2022：1.

[6] 李敏. 热带园林植物造景 [M]. 北京：机械工业出版社, 2020：3.

[7] 栾生超. 榆林园林植物 [M]. 西安：陕西科学技术出版社, 2022：3.

[8] 吕勋. 园林景观与园林植物设计 [M]. 长春：吉林科学技术出版社，2022：4.

[9] 门志义，李同欣. 园林植物与造景设计探析 [M]. 北京：中国商务出版社, 2023：5.

[10] 彭素琼，徐大胜. 园林植物病虫害防治 [M]. 成都：西南交通大学出版社, 2013：7.

[11] 王铖，贺坤. 园林植物识别与应用 [M]. 上海：上海科学技术出版社，2022：8.

[12] 谢云，胡犇. 园林植物景观规划设计 [M]. 武汉：华中科技大学出版社，2020：8.

[13] 杨琬莹. 园林植物景观设计新探 [M]. 北京：北京工业大学出版社，2020：7.

[14] 尹金华. 园林植物造景 [M]. 北京：中国轻工业出版社, 2020：12.

[15] 袁惠燕，王波，刘婷.园林植物栽培养护[M].苏州：苏州大学出版社，2019：11.

[16] 张凤，朱新华，窦晓蕴.园林植物[M].北京：北京理工大学出版社，2021：9.

[17] 张文静，许桂芳.园林植物[M].郑州：黄河水利出版社，2010：5.

[18] 张文婷，王子邦.园林植物景观设计[M].西安：西安交通大学出版社，2020：8.

[19] 周丽娜.园林植物色彩配置[M].天津：天津大学出版社，2020：7.